# 벼
## 유기재배

# 벼
## 유기재배

**초판발행** 2011년 12월 20일
**초판 3쇄** 2019년 1월 11일

**지은이** 이상민 · 허수범 · 이  연 · 양원하 · 양창인 · 오세관 · 전원태 · 천아름 ·
        강범용 · 고숙주 · 권오도 · 김도익 · 박흥규 · 신해룡 · 최덕수 · 정만철
**펴낸이** 채종준
**디자인** 곽유정 · 이종현 · 박능원

**펴낸곳** 한국학술정보(주)
**주소** 경기도 파주시 문발동 파주출판문화정보산업단지 513-5
**전화** 031-908-3181 (대표)
**팩스** 031-908-3189
**홈페이지** http://ebook.kstudy.com
**E-mail** 출판사업부 publish@kstudy.com
**등록** 제일산-115호(2000. 6. 19)

**ISBN** 978-89-268-2955-4 93520 (Paper Book)
        978-89-268-2956-1 98520 (e-Book)

벼
유기재배

# 목 차

출처: 농촌진흥청 포토뱅크

**Part 01**

·

벼 유기재배 일반

# Ⅰ. 우리나라 벼 재배의 변화

## 1. 벼 재배의 역사

- 벼의 원산지는 열대 또는 아열대 지방으로 온도가 높고 비가 많은 지역에서 재배되었다.
- 재배 면적은 아시아에서 가장 넓고 아메리카, 아프리카 등 전 세계에서 재배한다.

## 2. 우리나라 재배역사

- 약 3,000여 년 전부터 재배(기원전 13~7세기 이전)하기 시작하였다.
- 여주군 점동면 흔암리에서 출토된 탄화미(炭化米)가 가장 오래된 유물이다.

## 3. 벼 농사기술의 발달

- **품종**: 재래종 → 외국계 도입품종 → 다수계 육성품종(통일벼) → 고품질 일반계 품종
- **재배기술**: 밭벼 → 직파재배 → 손 이앙재배 → 중묘 기계이앙 → 어린모 기계이앙
- ※ '77년 통일벼 등 다수계 육성품종으로 쌀 자급을 달성했다.

## 4. 친환경 쌀농업으로 변화

- 고품질 농산물의 소비수요가 증가하여 고품질 쌀을 생산하고, 고기, 채소, 과일소비량 증가에 따라 쌀 소비량이 감소하게 되었다.
- 친환경 안전농산물에 대한 선호도가 증가하고, 정부 정책이 친환경농업으로 변화하였다.

### ······ 친환경 농법의 구분 ······

- **저투입농업** : 무농약 · 저농약을 포함하며, 비료와 농약을 적절히 사용하여 수량, 소득, 환경 등을 종합적으로 고려한 농업체계이다.

- **유기농업** : 화학합성자재를 사용하지 않고 천연물질과 물리적, 생물학적인 방법을 이용하여 자연환경과 공생하며 농산물을 생산하는 농업체계를 말한다.

# Ⅱ. 우리나라의 벼 재배현황

## 1. 일반현황

- 쌀은 주식으로 가장 중요한 농산물이지만, 경영규모는 아직도 영세한 편이다.
  - 벼 재배면적은 '01년 최고 108만ha에서 매년 20천ha 정도 꾸준히 감소하고 있으며, 벼 재배 농가수도 매년 감소하고 있다.

표 1. 연도별 벼 재배면적 및 농가수의 변화

| 구 분 | '03 | '04 | '05 | '06 | '07 | '08 | '09 |
|---|---|---|---|---|---|---|---|
| 재배면적(천ha) | 1,016 | 1,001 | 980 | 955 | 950 | 936 | 924 |
| 농가수(천호) | 945 | 914 | 938 | 903 | 875 | 857 | 827 |
| 호당 재배면적(ha) | 1.08 | 1.10 | 1.04 | 1.06 | 1.09 | 1.09 | 1.12 |

출처: 농림업 주요통계(농림수산식품부)

- 농촌인구의 급속한 고령화로 쌀 생산구조가 변화하고 있다.
  - 벼 재배농가 중 60세 이상의 비율이 '09년 현재 77% 이상 점유하고 있다.
  - 호당 경영규모는 1.1ha로 영세하고 소규모 및 대규모 경영의 양극화가 진행되고 있다.

## 2. 쌀 생산비용 및 소득현황

- 쌀 생산비는 지속적으로 증가하고 쌀 가격은 정체됨에 따라 소득은 감소추세이다.
  - 위탁영농비, 비료·농약 등 각종 자재비 인상으로 쌀 생산비가 증가하였다.
- ※ 비료비 53,916원('09년)으로 전년대비 22.2% 증가(비료원료 수입단가 인상)
  - 쌀 생산비: ('00년) 538천 원/10a → ('08년) 630천 원/10a → ('09년) 625천 원/10a
  - 쌀 소득률: ('00년) 73.1% → ('08년) 61.6% → ('09년) 58.2%

표 2. 연도별 쌀 생산단수 추이 (단위: kg/10a)

| 구 분 | '03 | '04 | '05 | '06 | '07 | '08 | '09 |
|---|---|---|---|---|---|---|---|
| 생산단수 | 441 | 504 | 490 | 493 | 466 | 520 | 534 |
| 평년작 | 488 | 491 | 488 | 485 | 483 | 496 | 501 |

출처: 농림업 주요통계(농림수산식품부)

표 3. 연도별 쌀 순수익 및 소득 추이

| 구 분 | '05 | '06 | '07 | '08 | '09 |
|---|---|---|---|---|---|
| 총수입(A, 원/10a) | 879,411 | 892,067 | 854,241 | 1,013,362 | 944,438 |
| 생산비(B, 원/10a) | 587,895 | 600,120 | 607,354 | 629,677 | 624,970 |
| 경영비(C, 원/10a) | 333,635 | 349,599 | 364,293 | 389,620 | 395,126 |
| 소득(A-C) | 547,776 | 542,468 | 489,948 | 623,742 | 549,312 |
| 소득률(%) | 62.1 | 60.8 | 57.4 | 61.6 | 58.2 |
| 순수익(A-B) | 291,516 | 291,946 | 246,887 | 385,685 | 319,468 |
| 순수익률(%) | 33.1 | 32.7 | 28.9 | 37.9 | 33.8 |

※ 소득률 = (총수입-경영비)/총수입×100, 순수익률 = (총수입-생산비)/총수입×100
출처: 농촌진흥청

## 3. 쌀 수급현황

- 쌀 생산량 증가와 수입량 증가에 따라 시장공급량이 늘어난 상황이다.
  - 밥쌀용 수입량 17천 톤 증가('09년: 63천 톤 → '10년: 80천 톤)
- 식량수요량과 1인당 연간소비량은 매년 감소하나, 가공용 소비량은 증가 추세이다.
  - 1인당 연간 쌀 소비량: ('07년) 76.9kg → ('08년) 75.8kg → ('09년) 74.0kg

– 가공용 소비량(주정제외): ('07년) 223천 톤 → ('08년) 290천 톤
→ ('09년) 321천 톤

| 표 4. 연도별 쌀 수급 및 재고량 변화 | | | | (단위: 천 톤) |
|---|---|---|---|---|
| 구 분 | '06 | '07 | '08 | '09 |
| 공급량(A) | 5,838 | 5,756 | 5,361 | 5,790 |
| 생 산 | 4,768 | 4,680 | 4,408 | 4,843 |
| 수 입 | 238 | 246 | 258 | 257 |
| 수요량(B) | 5,008 | 5,061 | 4,671 | 4944 |
| 재고량(A−B) | 830 | 695 | 675 | 846 |

※ 생산량은 수급연도(전년도 생산량) 기준임
출처: 농촌진흥청

# 4. 쌀 수출입 현황

- '07년부터 주로 교포 거주지역(미국·유럽)을 중심으로 소량 수출되고 있다.
    - 쌀 수출물량: ('08년) 358톤 → ('09년) 4,495톤 → ('10년) 3,815톤
- UR협상('94년), 쌀 관세화 유예 재협상('04년) 결과에 따라 의무수입량은 매년 2만 톤 내외로 증가하여 외국산과의 경쟁이 불가피한 실정이다.
    - 국산 쌀이 외국산에 비해 3~4배 비싸 가격 경쟁력이 낮다.
    - '05~'14(10년간) 관세화 유예 대신 쌀 의무수입 물량이 증가할 것이다.
    - '15년부터 관세화를 통한 쌀 시장의 전면개방이 전망된다.

| 구 분 | '95 | '05 | '06 | '07 | '08 | '10 | '14 |
|---|---|---|---|---|---|---|---|
| **표 5. 연도별 의무수입물량 수준** (단위: 천 톤) | | | | | | | |
| 총 량 | 51 | 226 | 246 | 266 | 287 | 327 | 409 |
| 가공용 | 51 | 203 | 212 | 218 | 224 | 229 | 286 |
| 밥쌀용 | – | 23 | 34 | 48 | 63 | 98 | 123 |
| 식량소비량 대비 비중(%) | 1.1 | 5.9 | 6.4 | 7.0 | 7.7 | 9.1 | 12.3 |

출처: 쌀 품질향상 대책 핵심기술(농촌진흥청)

# Ⅲ. 우리나라의 벼 유기재배 현황

## 1. 친환경농산물 생산현황

- 친환경농산물 인증량은 향후 상당기간 지속적인 증가가 예상된다.
- 친환경인증농산물은 '05년 이후 매년 20~30%씩 증가하는 추세이다.
  - 생산량: ('01년) 87천 톤 → ('05년) 798천 톤 → ('09년) 2,358천 톤
- ※ '09년도 전체 농산물 대비 친환경농산물 비중은 12.2%였다.
- 무농약 이상 친환경쌀 생산량이 지속적으로 증가: ('08년) 112천 톤 → ('09년) 148천 톤
- 곡류의 친환경농산물 생산량 비율(%): 유기(6.7%), 무농약 (27.1%), 저농약(66.2%)
- 채소류 및 곡류는 친환경농산물 중 유기농산물 비율이 높은 품목 이며, 비교적 쉽게 유기농업으로 생산할 수 있는 품목이다.
  - 채소류(7.1%) → 곡류(6.7%) → 서류(5.2%) → 과채류(5.0%) → 과실류(1.5%)

- 국내 친환경농업 벼 재배기술은 대부분 우렁이 이용 제초기술(우렁이농법)을 실천하고 있다('09년).
  - 우렁이농법(83,741ha), 쌀겨농법(8,089ha), 오리농법(375ha), 기타(1,180ha)
- ※ 유기농업에 활용되는 우렁이의 외부유출을 방지하기 위한 수거 및 차단 등에 유의하여야 한다.

| 표 6. '10년 품목별 친환경농산물 생산량 | | | | (단위: 천 톤) |
|---|---|---|---|---|
| 품 목 | 계 | 유 기 | 무농약 | 저농약 |
| 곡 류 | 442 | 29 | 267 | 146 |
| 과실류 | 510 | 8 | 41 | 462 |
| 채소류 | 997 | 58 | 520 | 420 |
| 서 류 | 58 | 5 | 37 | 15 |
| 특용작물 | 170 | 7 | 157 | 6 |
| 기 타 | 38 | 15 | 18 | 5 |

출처: 국립농산물품질관리원

## 2. 친환경농산물 시장규모

- 친환경농산물의 시장규모가 지속적으로 증가함에 따라 수요창출, 유통활성화 및 고부가가치 유기가공식품의 개발이 필요하다.
- ※ 국내 친환경농산물 시장규모('09년): 약 3조 7,355억 원('07년 대비 71.4% 증가)
- 친환경농산물 곡류의 유통규모('09년): 9,069억 원(총 친환경농산물 대비 24.3%)
- ※ 친환경쌀의 유통규모('09년): 8,445억 원(총 친환경농산물 대비

22.6%)

- 친환경농산물의 장기 시장전망은 지속적인 증가가 예상된다.
    - 친환경농산물: ('09년) 3.7조 원 → ('10년) 4.1조 원 → ('15년) 4.9 조 원 → ('20년) 7.1조 원
    - 유기농산물: ('09년) 2,967억 원 → ('10년) 4,090억 원 → ('15년) 11,134억 원 → ('20년) 15,989억 원
    - 친환경쌀: ('09년) 8,445억 원 → ('10년) 9,370억 원 → ('15년) 12,605억 원 → ('20년) 18,100억 원

| 표 7. 친환경농산물 곡류의 시장 전망 | | | | | | (단위: 억 원) |
| --- | --- | --- | --- | --- | --- | --- |
| 구 분 | '07 | '08 | '09 | '10 | '13 | '15 | '20 |
| 곡 류 | 5,242 | 7,751 | 9,069 | 10,090 | 13,462 | 13,834 | 19,866 |
| 쌀 | 4,660 | 7,218 | 8,445 | 9,370 | 12,396 | 12,605 | 18,100 |
| 기 타 | 16,557 | 24,176 | 28,286 | 30,850 | 37,493 | 35,382 | 50,810 |
| 총 계 | 21,799 | 31,927 | 37,355 | 40,940 | 50,955 | 49,216 | 70,676 |

※ 기타: 채소류, 과실류, 서류, 특작 및 기타의 합
출처: 한국농촌경제연구원('09)

## 3. 친환경쌀의 생산효율성

- 친환경농업 실천기술 수준이 상위에 있는 농가의 기술효율성은 관행농가와 유사하나 중하위 농가의 경우 매우 낮아 기술적 수준차이가 심하다.
- 친환경농업 실천 농가는 소농 규모가 많아 규모의 효율성이 낮다.
- 벼 재배 친환경농법 간의 기술효율성: 우렁이농법 〉 오리농법 〉 쌀겨농법

- 친환경농업의 표준화된 기술체계를 정립함으로써 기술 안정화와 평준화가 가능해진다.

표 8. 벼 재배농법별 기술효율성 지수

| 농 법 | 상위농가 | 중위농가 | 하위농가 | 평 균 |
|---|---|---|---|---|
| 친환경농업 | 0.883 | 0.362 | 0.086 | 0.403 |
| 관행농업 | 0.851 | 0.442 | 0.121 | 0.483 |
| 전 체 | 0.875 | 0.381 | 0.093 | 0.422 |

출처: 농촌경제(한국농촌경제연구원)

# Ⅳ. 유기농업의 공익적 기능

## 1. 농업의 다원적 기능

- 농업의 다원적 기능은 농업생산 활동 이외에 환경측면과 농업·농촌의 활력 유지 등 환경, 사회, 문화적 차원에서 보존하고 유지할 가치가 있는 기능을 말한다.
- 국내 농업정책 관련 기초자료, 국제협상 대응 근거 마련 및 농업·농촌의 중요성에 대한 공감대를 조성하는 데 활용된다.

## 2. 농업의 공익기능에 대한 경제적 가치

- 우리나라 농업의 환경적 공익 기능의 경제적 가치는 총 67.6조 원으로 추산된다.
  - 논 농업 56.4조 원, 밭 농업 11.3조 원

표 9. 농업의 환경적 공익기능에 대한 경제가치

| 기 능 | 논 | | 밭 | | 계 |
|---|---|---|---|---|---|
| | 평가액(조 원) | 구성비(%) | 평가액(조 원) | 구성비(%) | |
| 홍수조절 | 44.3 | 78.6 | 7.2 | 64.1 | 51.5 |
| 수자원함양 | 1.8 | 3.1 | 0.05 | 0.5 | 1.8 |
| 대기정화 | 7.2 | 12.7 | 2.7 | 24.4 | 9.9 |
| 기후순화 | 1.3 | 2.3 | 0.5 | 4.3 | 1.8 |
| 수질정화 | 0.3 | 0.5 | – | – | 0.3 |
| 토양보전 | 1.5 | 2.7 | 0.8 | 6.8 | 2.3 |
| 계 | 56.4 | 100 | 11.3 | 100 | 67.6 |

출처: 농업의 다원적 기능평가(농촌진흥청)

## 3. 유기농업의 공익기능에 대한 경제적 가치

- 우리나라 유기농업의 환경적 공익기능의 경제적 가치는 총 1조 8천억 원(논·밭 포함)으로 추산된다.
  - 환경오염 감소 기능(4,151억 원), 생물다양성 증진 기능(2,851억 원), 문화다양성 증진 및 지역사회 유지 기능(4,361억 원), 온

실가스 감소 및 에너지절약 기능(3,082억 원), 경관개선 기능(3,344억 원) 등이다.

- 유기농업 공익기능에 대한 소비자 인식 조사결과 환경적 공익기능이 상당히 높다고 생각하고 있다.
  - 유기농업이 환경오염 감소 기능(90.6%), 생물다양성 증진 기능(79.6%), 문화다양성 증진 및 지역사회 유지 기능(58.9%)을 제공한다.
- 그러나, 유기농산물 식품안전성에 대하여 소비자의 59.5%가 불신하는 것으로 조사되어 올바른 유기농산물을 생산하기 위한 매뉴얼을 개발·보급해야 할 필요가 있다.

**Part 02**

벼 유기재배 품종

# I. 품종선택 시 고려사항

- 유기종자(有機種子)는 유기적으로 재배된 농작물에서 채종된 종자로서 비료·농약 등을 사용하지 않고 코덱스(CODEX; 국제식품규격위원회)에서 허용된 자재만을 이용, 재배하여 얻은 종자이며 채종된 후에 종자소독이 이루어지지 않은 종자이다.
- 유기품종(有機品種)은 유기종자를 생산하거나 유기재배에 적합한 품종으로 해석될 수 있다.
  - 유기종자를 생산하기 위한 품종은 기존의 재배벼 품종 중에서 선정한다.
  - 육종목표를 유기재배에 적응될 수 있도록 설정하고 다양한 육종기법을 이용하여 육성된 유기품종은 아직 개발되지 않았다.
- 토종종자(土種種子)는 오랫동안 특정지역의 환경조건에서 재배되어온 종자로서 근래의 비료·농약 등 화학농자재가 본격적으로 사용되기 이전부터 재배되어온 종자임을 감안해서 토종종자 즉 재래종(在來種) 중에서 유기농업에 활용될 수 있는 품종을 찾아낼 수도 있을 것이다.
- 현재의 재배품종(栽培品種)은 내비성이 강화되었고 화학농자재 사용을 전제로 선발·육성되었으며 재래종보다 수량성 및 재해저항성이 강화되었다.
- 벼의 유기재배(有機栽培)를 위해서는 현재 재배되고 있는 지역별 적응 품종 중에서 병충해·재해저항성을 감안하고 선정하여 재배하는 것이 현실적인 대안이 될 것이다.
- 그러므로 '유기벼 재배품종'은 합성농약, 화학비료 및 항생·항균

제 등 화학농자재를 사용하지 않고 재배할 때 이용할 수 있는 벼 재배품종으로 넓게 해석할 수 있다.

- 앞으로의 유기육종(有機育種)은 유전자나 세포의 조작으로 변이를 유발하여 품종을 육성하지 않고 전통적인 방법을 통하여 유기재배 조건에서 품종을 개발하는 것을 의미한다.
  - **육종목표**: 다수성, 환경적응성, 병충해저항성, 단기성, 품질 관련 형질 등이다.

## 1. 벼 유기재배 품종현황

- 현재 주로 사용되고 있는 재배품종의 '일반종자'는 수량성 향상을 위해 화학비료를 과다 사용하여 재배하는 조건에서 재해저항성에 걸리면 농약사용으로 해결할 요량으로 생산된 종자이므로 작물의 병충해에 저항성이 강한 종자를 개발하는 데 소극적이었다는 일반적인 인식도 있다.
- 비료·농약 등 화학자재가 없을 때 재배되던 재래종 중에서 유기품종을 선정하려는 시도가 있으나, 이 품종들은 예전에 관개시설이 미비하여 밭 상태로 재배할 때 적응하던 품종으로 현재의 재배조건과는 큰 차이가 있고 재배기간 동안 적용되는 재배기술도 다르므로 나름대로 한계점이 있다.

### ✚ 국내현황

- 유기농업에는 유기종자 사용이 원칙이며 친환경농업 육성법에는 유기종자를 유기농산물 인증기준에 맞게 생산·관리된 종자라고

규정되어 있으나 생산이 미미하다.

- 국립종자원에서 친환경농업을 위해 화학비료와 합성화학농약을 전혀 사용하지 않은 유기농산물 인증기준에 맞는 유기종자를 시범 사업으로 생산하여 공급하는 방안을 추진 중이다.
- 재래종을 이용하여 유기농업으로 종자를 생산하여 유기농업에 활용하려는 연구가 진행 중이다.
- 벼 재래종을 유기재배로 생산하여 유기종자를 생산하고 유기농 토종쌀 브랜드를 개발하기도 하였다.
- 일반적으로 농가에서는 본래의 의미에서의 유기재배를 하기보다는 비료·농약 사용을 줄여서 재배하고 있는 실정이다.

## ✚ 특수미 품종

- 유기재배는 식품의 안전성을 확보하여 건강증진에 도움을 주는 것이고 기능성 품종은 쌀의 기능성을 살려 건강한 생활을 할 수 있게 하려는 점에서 일맥상통한다.
- 특수미 품종을 유기재배하여 이용하면 더욱 효과적이겠지만 특수미 품종은 일반적으로 병충해 및 재해저항성이 낮고 수량성도 낮은 편이어서 이에 대비한 재배기술이 적용되어야 한다.

## ✚ 외국의 사례

- 일본은 자국 내·외 유전자원을 수집·평가하여 다방면으로 활용할 준비를 함과 동시에 친환경쌀을 생산하여 수출도 도모하고 있다.
- 중국은 각 지역의 토종종자를 수집하여 용도를 찾아내는 연구를

수행하면서 동시에 자국이 원산인 벼 유전자원을 수집·보존하기 위한 제도를 정비하였다.

- 필리핀에서는 토종종자를 이용하여 벼를 재배하는 것이 시도되고 있으며 이러한 토종종자를 개량하려는 시도를 하고 있다.

- 인도네시아, 방글라데시, 인도 등에서도 유기재배에 활용할 가치가 있는 토종종자를 수집하고 평가하는 사업이 활발하게 이루어지고 있다.

## 2. 관행재배에 있어서 품종선택의 주안점

- 수량성이 높고 쌀 품질이 좋은 품종을 선호한다.
- 품종의 적응지역, 시비량, 병충해저항성 등을 감안하여 선정한다.
- 관개수량이 적어 가뭄의 피해를 쉽게 받는 경우는 한발저항성이 중요하고 지나치게 비옥하여 도복이 빈발하는 지역은 내도복성 품종을 골라 재배한다.
- 병해발생 상습지는 병해충에 강한 품종을 선택해야 한다.
- 소득작물 후작지에서는 생육기간에 맞는 단기성 품종을 선택해야 하고 앞작물의 재배기간 동안 시용했던 질소질비료의 잔류가 많은 점도 고려해야 한다.

# 3. 관행재배에 있어서 재배유형에 따른 품종선택

## ✚ 이앙재배

- 이앙재배는 온도가 낮은 생육환경에서 비닐하우스나 부직포를 이용하여 모를 길러 재배포장에 이앙한 후 적절한 본답관리를 거친 후 수확하는 재배법이다.
- 육묘단계에서는 밀파조건이고 외부환경도 좋지 않아 모가 연약하고 각종 물리적·생리적 장해 및 병해를 받기 쉽다.
- 어린모로 이앙하는 경우는 중묘보다 밀파조건이므로 출아율이 높고 균일해야 하며 이앙 시 모 길이가 짧아 물에 잠길 위험이 있으므로 내관수성이어야 하고, 저위분얼[1]로 벼가 쓰러지는 위험이 커서 내도복성의 품종을 선택해야 한다.
- 중묘 기계이앙하는 경우는 못자리가 길어져서 고온·다습한 조건에서 모를 기르게 되므로 웃자라기 쉽고 연약하게 자라 병해·생리적 장해를 받을 우려가 있으며 최고분얼기와 출수기가 늦어지는 경향이 있음을 감안하여 품종을 선택한다.

## ✚ 직파재배

- 직파재배법은 다시 담수직파와 건답직파로 구분될 수 있는데, 담수직파 시 수중발아력이 왕성하고 입모가 잘되는 품종이 필요하고

---

1  Low-position Tiller [低位分蘖]: 줄기관부의 낮은 부위에서 새로운 줄기가 발생하는 것.

건답직파를 하는 경우는 저온발아성이 높고 초기신장성이 큰 품종이어야 하며 하위절간에 분얼이 잘 발생하여 수수 확보는 용이하지만 이삭 길이가 짧고 벼알 수가 적어지므로 수수가 적고 이삭이 큰 수중형 품종이 적당하다.

- 직파재배에서는 저온발아성, 담수 도중 발아력이 강하고 초기신장성이 높으며, 뿌리가 깊게 뻗고 벼 키가 작으며 도복이나 과번무하지 않는 품종이어야 한다.
- 최근에는 제초제 저항성 잡초가 벼의 생육 시기에 경합하여 피해를 주기 시작했으므로 잡초저항성 품종이라면 바람직하다.

# Ⅱ. 무비료·농약 재배에서의 생육변화

## 1. 무비료 및 농약을 표준사용기준에 따라 살포했을 때

- 농약은 표준방제하고 비료수준을 줄임에 따른 생육변화를 조사한다.
  - 시비량(kg/10a): 소비구(질소 6, 인산 5, 가리 7), 무비구(질소 0, 인산 0, 가리 0)
- 질소비료를 10a당 6kg 시비하는 것에 비해 비료를 전혀 주지 않고

녹비작물 재배나 퇴비를 추가로 주지 않으면 수량성이 25%~44% 저하되었다.

- 조생종 중에서 소비구에 비해 무비구의 수량감소 정도를 보면 운두벼는 수량감소폭이 작았으나(25%) 둔내벼는 크게 나타나(52%) 품종 간의 차이가 컸다(표 1).
- 중만생 중에서 소비구에 비해 무비구의 수량감소 정도를 보면 일품벼, 동진벼, 화성벼, 일미벼, 계화벼, 남천벼 등의 수량 감소폭이 작았다(표 1).
- 일품벼 등 50품종 평균을 기준으로 무비구에서 이삭 패는 시기가 3일 정도 지연되나 품종별로 무비구에서 오히려 이삭 패는 시기가 앞당겨지는 품종도 다수 있었다.
- 무비구에서 벼 키는 64.1cm로 5cm, 이삭 수는 8개로 2개가 줄어들었으며 등숙률 및 천립중은 무비구에서 약간 더 높게 나타났다.

**표 1. 벼 품종별 질소 무비구에서의 수량 감소율**

| 소비구 정조수량 (g/20주) | 소비구 대비 무비구에서의 수량 감소율(%) | | | |
|---|---|---|---|---|
| | 10~20 | 21~30 | 31~40 | 40 이상 |
| 300 이하 | 농림나1호 | 상남밭벼 | 진부올벼, 설악벼 | 도봉벼 |
| 301~350 | | 운두벼 | 진부벼, 운봉벼 | 둔내벼, 대창벼 |
| 351~400 | | 오봉벼, 낙동벼 삼백벼, 화진벼 | 천마벼, 대야벼 화동벼, 남평벼 인월벼, 서안벼 관악벼, 수라벼 | 신2호, 상주벼 남원벼, 운장벼 소백벼, 백암벼 |
| 401~450 | 영해벼, 용주벼 중원벼 | 상산벼, 호안벼 대청벼, 화봉벼 오대벼, 금남벼 영남벼, 추청벼 원황벼, 섬진벼 화중벼 | 그루벼, 농안벼 봉광벼, 양조벼 장안벼, 원미벼 대안벼, 남강벼 서진벼, 용문벼 | 대진벼, 농백벼 신운봉벼, 만안벼 중화벼, 내풍벼 |

| | | | | |
|---|---|---|---|---|
| 451~500 | 일품벼<br>밀양23호<br>화삼벼 | 원광벼, 광안벼<br>만금벼, 금오벼1호<br>화성벼, 농호벼<br>일미벼, 신광벼<br>청명벼, 원풍벼<br>계화벼, 진주벼 | 안중벼, 간척벼<br>화명벼, 동안벼<br>화남벼, 진미벼<br>삼강벼, 동해벼<br>금오벼2호 | 상미벼, 삼천벼<br>금오벼, 미향벼<br>조령벼, 안산벼 |
| 500 이상 | 화신벼, 장성벼<br>풍산벼 | 안다벼, 서광벼<br>남영벼, 남천벼<br>동진벼, 풍옥벼<br>가야벼 | 주안벼, 청청벼 | |

※ 농촌진흥청 국립식량과학원('99~'00)

## 2. 비료와 농약을 동시에 사용하지 않았을 때

- 무비 · 무농약 재배 시 10a당 쌀 수량이 125kg으로 완전방제구 수량(337kg)의 37%에 불과하였다.
- 무비재배에서 살충제, 살균제, 제초제를 처리하지 않았을 경우 수량 감소율을 보면 살충제 무처리구에서는 3%, 살균제 무처리구는 0%, 제초제 무처리구는 59%가 감소하였다.
- 무비 · 무제초 시 잡초 군락변화를 보면 1차연도에는 피, 올챙이 고랭이, 물달개비의 우점도가 49%, 40%, 4%였으나 3년 후에는 86%, 10%, 1%로 변하여 피의 군락형으로 변하였다.

- 비료와 농약을 사용하지 않고 벼를 재배하면 쌀 수량이 크게 감소할 수 있으므로 녹비작물을 재배하여 비료를 대체하거나 퇴구비의 사용량 증대와 토양비옥도의 증진에 중점을 두어야 한다.
- 잡초의 피해가 가장 클 가능성이 있으므로 유기재배 시 사용가능한 친환경 유기농자재의 활용과 물리적인 방제법의 사용, 작목전환 등 대비책이 반드시 필요하다.
- 병충해는 전염원의 존재 여부, 환경의 유발 정도 등 다양한 요인에 의해 영향을 받지만 규산질비료의 시용처럼 벼 식물체가 강건하게 생육할 수 있도록 예방조치들을 취해야 하고 천적을 이용하는 것도 고려해 본다.

# Ⅲ. 벼 품종의 재해저항성

- 재해저항성, 수량성, 품질 등은 벼의 품종 간 차이가 크게 나타나므로 적절한 품종 선택으로 재배목적을 달성할 수 있는 여지가 크다.
- 농약을 사용하지 않는 유기재배에서는 재해저항성을 갖추는 것이 필수적이다.
- 2009년 현재 재배면적 기준으로 상위 20개 품종에 대해서 재해저항성을 살펴보면 내냉성, 도복, 도열병, 흰잎마름병, 줄무늬잎마름병

에 저항성을 보이는 품종이 상당히 있으나 흑조위축병과 벼멸구에 저항성이 있는 품종은 없었다(표 2).

- 피해가 빈번한 도열병, 흰잎마름병, 줄무늬잎마름병에 공통적으로 저항성을 보인 품종은 일미벼, 주남벼, 청호벼 등이었다(표 2).

- 최근 7년 동안('04~'09) 육성된 86개 품종의 도열병, 흰잎마름병 (K1), 줄무늬잎마름병에 대한 저항성을 보면 도열병과 흰잎마름병 (K1)에 대해서는 저항성인 것이 약한 것보다 많았으나 줄무늬잎마름 병에는 약한 품종이 더 많았다(표 3).

- 최근 7년 동안('04~'09) 육성된 86개 품종에 대해 내냉성, 도복, 도 열병, 흰잎마름병, 줄무늬잎마름병, 흑조위축병, 벼멸구 등에 대해 저항성을 복합적으로 갖추고 있는 품종을 살펴본 결과 다산1호, 다 산2호, 세계진미, 한강찰1호, 큰섬벼, 녹양벼, 하남벼 등이 복합저항 성을 가지고 있었다(표 3).

- 줄무늬잎마름병, 흑조위축병, 벼멸구 등에 저항성인 품종이 많지 않 아 바이러스병과 충해를 받을 우려가 크나 금오3호와 청남벼는 끝동 매미충에 강한 것으로 밝혀졌다.

- 특수미 품종들은 병충해저항성보다 특수한 유용형질의 발현 정도 를 감안하여 품종이 육성되어 전반적으로 병충해저항성이 낮은 편 이었다.

- 앞으로는 좀 더 복합적으로 병충해저항성을 갖추어야 할 뿐만 아니 라 잡초저항성 품종 개발도 추진할 필요가 있다.

- '09년 농촌진흥청 영농활용자료에 의하면 다수성 품종 중에서는 온누 리벼와 동진1호가, 고품질 품종 중에서는 취반미 윤기치와 완전미비율 을 기준으로 호평벼와 일미벼가 유기재배에 적응성이 높은 품종이다.

- **포장조건**: 유기재배 4년이 경과된 포장
- **이앙시기**: 6월 5일경
- **양분공급**: 헤어리베치
- **병해충 방제(2회)**: 홍○○, 박○○, 박○○, 황금○○ 등을 사용

표 2. 재배면적 상위 20위('09) 품종의 생육특성 및 병충해저항성

| 저항성 | 내냉성 | 도 복 | 도열병 | 흰잎마름병 | | | 줄무늬 잎마름병 | 흑조 위축병 | 벼멸구 |
| | | | | K1 | K2 | K3 | | | |
|---|---|---|---|---|---|---|---|---|---|
| 강 | 동진1호<br>일미벼<br>운광벼<br>호품벼<br>오대벼<br>화영벼<br>새추청벼<br>동진찰벼<br>(8) | 삼덕벼<br>주남벼<br>동진1호<br>남평벼<br>일미벼<br>호품벼<br>일품벼<br>청호벼<br>오대벼<br>대안벼<br>화영벼<br>동안벼<br>동진찰벼<br>(13) | 주남벼<br>일미벼<br>운광벼<br>호품벼<br>청호벼<br>화영벼<br>(6) | 삼덕벼<br>호평벼<br>화영벼<br>주남벼<br>동진1호<br>일미벼<br>운광벼<br>호품벼<br>온누리벼<br>삼광벼<br>신동진벼<br>청호벼<br>대안벼<br>(13) | 주남벼<br>동진1호<br>운광벼<br>호품벼<br>온누리벼<br>삼광벼<br>청호벼<br>신동진벼<br>화영벼<br>삼덕벼<br>(10) | 주남벼<br>동진1호<br>운광벼<br>호품벼<br>온누리벼<br>삼광벼<br>신동진벼<br>청호벼<br>화영벼<br>삼덕벼<br>(10) | 추청벼<br>주남벼<br>남평벼<br>일미벼<br>호품벼<br>온누리벼<br>삼광벼<br>신동진벼<br>청호벼<br>대안벼<br>동진찰벼<br>삼덕벼<br>동안벼<br>화영벼<br>(14) | – | – |
| 중 | 주남벼<br>추청벼<br>온누리벼<br>일품벼<br>신동진벼<br>삼광벼<br>새추청벼<br>(7) | 운광벼<br>삼광벼<br>신동진벼<br>새추청벼<br>(4) | 삼덕벼<br>추청벼<br>주남벼<br>동진1호<br>남평벼<br>일품벼<br>산광벼<br>오대벼<br>대안벼<br>동안벼<br>(10) | – | – | – | – | – | – |

| 약 | 남평벼 청호벼 대안벼 호평벼 동안벼 (5) | 추청벼 온누리벼 호평벼 (3) | 온누리벼 신동진벼 동진찰벼 호평벼 (4) | 추청벼 남평벼 일품벼 오대벼 새추청벼 동진찰벼 동안벼 (7) | 추청벼 남평벼 일미벼 일품벼 오대벼 대안벼 새추청벼 동진찰벼 호평벼 동안벼 (10) | 추청벼 남평벼 일미벼 일품벼 오대벼 대안벼 새추청벼 동진찰벼 호평벼 동안벼 (10) | 동진1호 운광벼 일품벼 오대벼 새추청벼 호평벼 (6) | 추청벼 주남벼 동진1호 남평벼 일미벼 운광벼 호품벼 온누리벼 일품벼 삼광벼 신동진벼 청호벼 오대벼 대안벼 새추청벼 동진찰벼 호평벼 삼덕벼 동안벼 화영벼 (20) | 추청벼 주남벼 동진1호 남평벼 일미벼 운광벼 호품벼 온누리벼 일품벼 삼광벼 신동진벼 청호벼 오대벼 대안벼 새추청벼 동진찰벼 호평벼 삼덕벼 동안벼 화영벼 (20) |
|---|---|---|---|---|---|---|---|---|---|

## 표 3. 최근 육성품종('04~'09)의 생육특성 및 병충해저항성　　　(강 ●, 중 ◉, 약 바탕색)

| 저항성(강)개수 | 품종명 | 내냉성 | 도복 | 도열병 | 흰잎마름병 K1 | K2 | K3 | 줄무늬 잎마름병 | 검은줄오갈 병(오갈병) | 벼멸구 (애멸구) |
|---|---|---|---|---|---|---|---|---|---|---|
| 9 | 다산1호 | ● | ● | ● | ● | ● | ● | ● | ◉(●) | (●) |
| 8 | 세계진미 |  | ● | ● | ● | ● | ● | ● | ◉(●) | (●) |
| 7 | 다산2호 |  | ● | ● | ● |  |  | ● | ◉(●) | ●(●) |
| 7 | 한강찰1호 |  | ◉ | ● | ● | ● | ● | ● | ◉(●) | (●) |
| 6 | 청호벼 |  | ● | ● | ● | ● | ● | ● |  |  |
| 6 | 호품벼 | ◉ | ● | ● | ● | ● | ● | ● |  |  |
| 6 | 해오르미 | ◉ | ● | ● | ● | ● | ● | ● |  |  |
| 6 | 금오3호 |  | ● | ● | ● | ● | ● | ● | (◉) |  |
| 6 | 해찬물결 | ◉ | ● | ● | ● | ● | ● | ● |  |  |
| 6 | 큰섬벼 |  | ● | ● | ● |  |  | ● | (●) | (●) |
| 6 | 눈보라 | ● | ● | ● | ● | ● | ● |  |  |  |
| 6 | 녹양벼 |  | ● | ◉ | ● | ● | ● | ● | ◉(●) |  |
| 6 | 보라미 | ● | ● | ◉ | ● | ● | ● | ● |  |  |
| 6 | 황금노들 |  | ● | ● | ● | ● | ● | ● |  |  |
| 6 | 말그미 | ● | ● | ◉ | ● | ● | ● | ● |  |  |
| 6 | 동진2호 | ◉ | ● | ● | ● | ● | ● | ● |  |  |
| 5 | 호농벼 |  | ◉ | ● | ● | ● | ● | ● |  |  |
| 5 | 청남벼 | ● | ◉ |  | ● | ● | ● | ● | (◉) |  |
| 5 | 햇뜨미 | ● | ◉ | ◉ | ● | ● | ● | ● |  |  |
| 5 | 강백벼 |  | ● | ● | ● | ● | ● |  |  |  |
| 5 | 황금누리 | ◉ | ● | ◉ | ● | ● | ● | ● |  |  |
| 5 | 진수미 | ● |  | ◉ | ● | ● | ● | ● |  |  |
| 5 | 온누리벼 | ◉ |  | ● | ● | ● | ● | ● |  |  |
| 5 | 주남조생 | ● | ◉ |  | ● | ● | ● | ● |  |  |
| 5 | 하남벼 |  | ◉ | ◉ | ● | ● | ● | ● |  | ● |
| 5 | 백옥찰 | ◉ | ● | ● | ● | ● | ● | ● |  |  |
| 5 | 고품벼 | ◉ | ● | ● | ● | ● | ● |  |  |  |
| 5 | 운광벼 | ● | ◉ | ● | ● | ● | ● |  |  |  |
| 5 | 화신1호 | ● |  | ● | ● | ● | ● | ● |  |  |
| 5 | 미광벼 | ◉ | ● | ● | ● | ● | ● |  |  |  |
| 5 | 다청벼 |  | ◉ | ◉ | ● | ● | ● | ● |  | ● |

| 구분 | 품종 | | | | | | | | | |
|---|---|---|---|---|---|---|---|---|---|---|
| 4 | 보석찰벼 | ◉ | ● | ● | ● | | | ● | | |
| | 한마음벼 | | | ● | ● | ● | ● | | | |
| | 진백벼 | | ● | | ● | ● | ● | | | |
| | 영호진미 | | ◉ | ◉ | ● | ● | ● | ● | | |
| | 보람찬 | ◉ | ◉ | ◉ | ● | ● | ● | | | |
| | 동해진미 | | ◉ | ◉ | ● | ● | ● | ● | | |
| | 백설찰 | ● | | ◉ | ● | ● | ● | | | |
| | 다미벼 | | | ● | ● | ● | ● | | | |
| | 새누리 | ◉ | ◉ | ◉ | ● | ● | ● | ● | | |
| | 삼광벼 | ◉ | ◉ | ◉ | ● | ● | ● | ● | | |
| | 드래찬 | ◉ | ◉ | ◉ | ● | ● | ● | ● | | |
| 3 | 산들진미 | ● | ● | ● | | | | | | |
| | 풍미벼 | | ● | ● | | | | ● | | |
| | 해평찰벼 | | ● | ● | | | | ● | | |
| | 호반벼 | ● | ● | ● | | | | ● | | |
| | 서명벼 | ◉ | ● | ● | | | | ● | | |
| | 풍미1호 | ◉ | ◉ | ● | ● | | | ● | | |
| | 오대1호 | ● | ● | ● | | | | | | |
| | 조운벼 | ● | ● | ● | | | | | | |
| | 한들벼 | ● | ● | ● | | | | | | |
| | 운미벼 | ◉ | ◉ | ◉ | ● | ● | ● | | | |
| 2 | 평원벼 | ● | ◉ | | | | | | | |
| | 보석벼 | ● | | ● | | | | | | |
| | 조아미 | ● | ◉ | | | | | | | |
| | 조광벼 | | ◉ | ● | | | | ● | | |
| | 청안벼 | ● | ◉ | ◉ | ● | | | | | |
| | 고아미3호 | ● | ● | | | | | | | |
| | 만나벼 | ● | | ● | | | | | | |
| | 청정진미 | ● | ● | | | | | | | |
| | 황금보라 | ● | ◉ | ● | | | | | | |
| | 고운벼 | ● | ◉ | ● | | | | | | |
| | 신운봉1호 | ● | ◉ | ● | | | | | | |
| | 금영벼 | ● | ◉ | ● | | | | | | |
| | 청해진미 | ● | ● | ◉ | | | | | | |
| | 한설벼 | ● | ● | | | | | | | |
| | 만종벼 | ◉ | ◉ | ● | | | | ● | | |

| | | c1 | c2 | c3 | c4 | c5 | c6 | c7 | c8 | c9 |
|---|---|---|---|---|---|---|---|---|---|---|
| 1 | 단미벼 | ◉ | ● | | | | | | | |
| | 칠보벼 | ◉ | ◉ | ◉ | | | | ● | | |
| | 보석흑찰 | ◉ | ● | ◉ | | | | | | |
| | 대찬벼 | ◉ | ● | ◉ | | | | | | |
| | 고아미4호 | ◉ | ● | | | | | | | |
| | 조생흑찰 | | ● | ◉ | | | | | | |
| | 서안1호 | | ● | ◉ | | | | | | |
| | 주안1호 | | ● | | | | | | | |
| | 하이아미 | ◉ | ● | ◉ | | | | | | |
| | 황금보라 | ● | ◉ | ◉ | | | | | | |
| | 흑설벼 | | ● | | | | | | | |
| | 신토흑미 | ◉ | ● | ◉ | | | | | | |
| | 청아벼 | ● | ◉ | | | | | | | |
| | 청담벼 | ◉ | ● | | | | | | | |
| 0 | 백진주1호 | ◉ | ◉ | ◉ | | | | | | |
| | 큰눈벼 | | ◉ | | | | | | | |
| | 신농흑찰 | | ◉ | | | | | | | |
| | 신명흑찰 | | ◉ | | | | | | | |
| | 홍진주 | ◉ | ◉ | ◉ | | | | | | |

출처 농촌진흥청 포토뱅크

**Part 03**

●

토양 및 양분 관리

# Ⅰ. 기본 원칙

## 1. 유기농업과 일반농업의 차이점과 공통점

- 유기농업은 기본적으로 자연순환 개념을 기초로 하여 환경에 조화로운 농업을 실천하는 것이다. 따라서 인위적으로 합성된 화학물질 자재를 사용하지 않고 자원순환 체계하에서 토양을 건전하게 유지하며 농산물을 생산하고 농업생태계의 건강을 유지·보전하여야 하기 때문에 관행농업과는 약간의 차이가 있다.
- 유기농업이라 하더라도 토양침식, 토양보존, 오염관리, 경운방법 등과 같이 생산성유지 및 환경오염방지를 위한 기본적인 토양관리는 일반농업과 같다.
- 유기농업 토양 및 양분 관리를 위해서는 토양개량제, 토양유기물, 윤작, 유기농자재를 이용한 양분 관리 방법과 일반농업과의 차이점을 이해할 필요가 있다.

## 2. 유기농자재 관리 및 사용 원칙

✚ 정의: 인축 및 환경에 무해하면서 토양개량이나 작물생육을 위하여 사용가능한 자재 및 병해충 방제목적으로 활용되는 물질을 총칭한다.

- 유기농업 사용가능 자재물질 118종 규정: 친환경농업육성법 시행 규칙 제7조 별표 1

## ✚ 친환경유기농자재 사용 기준

- 유기농업에서는 유기물 환원, 작부체계 실천, 녹비작물 재배 등으로 토양을 잘 가꾸어 작물이 튼튼하게 잘 자라게 하는 것이 기본이다.
- 친환경유기농자재는 유기농산물 생산과정에서 보조적 · 부수적으로 사용되어야 하며, 목록에 있는 자재만 사용이 가능하다.

**✚ 자재의 원료 특성**: 유기적 또는 천연광물에서 유래한 물질로 지역환경에 적합하여야 한다.

**✚ 자재원료 수집**: 채취 후 그 지역의 자연생태계 보존 및 채취지역의 생물다양성 유지에 지장을 주지 않아야 한다.

**✚ 제조방법**: 기계적 · 물리적 · 효소적 · 미생물적으로 변형되어야 한다.

**✚ 토양개량과 작물생육을 위하여 사용가능한 물질**: 퇴구비, 구아노, 짚, 톱밥, 천연 인광석, 황, 피트모스, 돌가루 등이 있다(부록1 참조).

## ✚ 친환경 유기농자재 선택 및 사용의 원칙

- 자재사용 목적이 친환경농산물 생산의 기본원칙과 일치해야 한다.
- 자재의 사용이 환경에 해로운 영향을 초래해서는 안 된다.

- 인간, 동물, 삶의 질에 미치는 부정적 영향이 최소화되어야 한다.
- 대체물질을 사용할 때는 자재의 양과 질이 충분하지 않을 경우로 제한한다.

# Ⅱ. 벼 유기재배를 위한 논 토양조건

유기농 농경지 관리를 위해서는 기본적인 토양관리가 우선되어야 한다. 따라서 토양검정에 의한 토양관리를 반드시 실행하여야 한다. 예를 들면 유기농업에서 가장 권장하는 녹비작물에 의한 양분공급만 하더라도 질소는 공중질소에 의해 공급되지만 인산이나 기타 무기이온은 작물 수확과 함께 손실되므로 장기적으로는 이러한 성분들의 결핍을 가져올 수 있다. 따라서 부족한 양분의 보충이나 벼 생육에 필수적인 규산의 공급, 원활한 양분흡수를 위한 토양산도 조절에 필요한 석회물질 공급 여부를 판단해야 하므로 토양검정이 반드시 선행되어야 한다.

## 1. 벼 유기재배 토양관리의 목표

- 벼 유기재배를 잘하기 위해서는 기본적인 논 토양관리를 잘해줘야 하는데, 가장 중요한 토양유기물 함량 3%, 유효규산 함량 157ppm 그리고 토양 pH(산도)를 6.5로 설정하는 것이 좋다.
- 이러한 목표 달성을 위한 방법으로 농경지에 투입되는 유기물관리

나 토양개량제 이용 그리고 객토 등을 들 수 있다. 자원순환을 우선으로 하는 유기농업의 취지에 맞게 우선 농업부산물과 녹비로 양분을 공급해주고 부족한 양분은 기타 유기물로 보충해주는 것이 중요하다.

- 논 유형별 특성에 맞추어 토양화학성이나 물리성을 개선할 수 있는 방법을 달리하여야 한다. 미숙논의 경우는 보통논보다 유기물이나 석회 등이 더 필요하며, 모래논의 경우에는 객토 등을 통해 투수성 등을 개선해야 한다.

## 2. 토양개량제의 활용

### ✚ 규산질비료

- 규산은 벼가 필요로 하는 양분 중 흡수량이 가장 많다. 질소에 비해 8배나 많은 양을 필요로 한다고 알려져 있다. 규산이 엽 중에 많으면 잎과 줄기가 단단해져 도복에 강하고, 햇빛을 많이 받아 생육이 왕성하며 등숙이 좋아져 안전한 수량을 얻게 되고 병에 대한 저항성이 커진다.

- 특히 목도열병 상습지, 산간고랭지, 냉조풍지대에서 규산질비료의 사용 효과는 매우 크다. 규산질비료의 사용은 밑거름으로 150~200kg/10a을 3년 1주기로 사용하는 것이 효과적이며, 경운 전에 살포하여 반드시 전층시비가 되도록 해야 한다.

| 표 1. 규산질비료 시용에 따른 쌀 생산성 | | | (단위: %) |
|---|---|---|---|
| 규산질비료 무시용 논 | 규산질비료 시용 논 | | |
| | 목도열병 상습지 | 산간고랭지 | 냉조풍지 |
| 100 | 151 | 120 | 110 |

- 벼가 규산을 흡수하면 잎과 줄기가 튼튼해지고 억세져서 도열병, 깨씨무늬병에 대하여 저항력이 강해질 뿐 아니라 이화명충의 피해도 경감할 수 있다. 따라서 규산질비료 시용은 벼 수량이 적은 노후화된 논이나 산성화된 논, 습답, 냉해 및 병충해가 심한 논에 시용하면 효과가 크다.

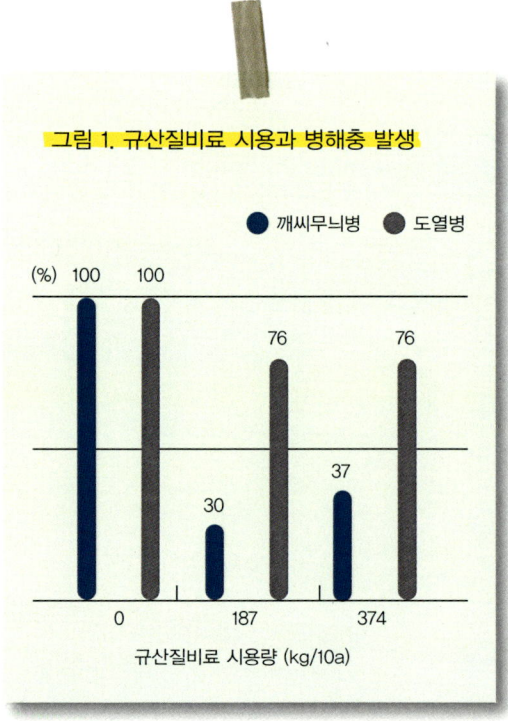

그림 1. 규산질비료 시용과 병해충 발생

- 규산질비료의 종류로는 규회석을 분쇄·분말화한 형태와 제철과정에서의 부산물을 이용한 규산질비료가 있는데, 국내에서 유통되는 대부분의 규산질비료는 제철부산물로 제조한다.

## ✚ 석회물질

- 석회물질이 토양에 미치는 영향은 물리적으로는 토양 콜로이드의 상태를 변화시켜 공기와 물의 흐름이 좋아지므로 수량 증가를 기대할 수 있고, 화학적으로는 산성 토양을 중화시키고 염기치환 능력 및 완충 능력이 증대하며, 비료성분의 흡수력을 증진시키고 유독물질을 중화시키며, 유효규산의 함량을 증가시키는 역할을 한다.
- 석회물질은 작물 뿌리와 줄기의 생육촉진, 염해지 토양개량, 유독물질 중화, 아조토세균(Azotobacter), 근류균 등과 같은 유용미생물의 활성증진 등 다양한 역할을 하고, 병해에 대한 저항력도 증가시켜 준다.
- 석회는 토양의 성분으로서 중요할 뿐만 아니라 식물양분으로도 매우 중요한데 강우량이 많은 경우, 논토양에서 가용석회의 80% 이상이 실제로 침투 유실되는 것으로 알려져 있어 별도의 관리가 필요한 성분이다.
- 인산, 칼리 등의 가급태화가 촉진되며 유기물의 분해를 촉진한다. 따라서 과다한 석회물질 투입은 유기물분해로 인한 지력감소의 원인이 되기도 한다. 또한 하층에 경반층이 형성되어 물과 공기의 흐름을 불량하게 할 수도 있다.
- 석회물질의 종류로는 백운석을 분쇄한 석회고토 분말과 석회석을 분말화한 석회석 분말, 그리고 굴 껍데기를 고온에서 소성하여 만

든 패화석 분말, 생석회, 소석회, 석고(황산석회), 인산석회 등이 있다. 우리나라에서 주로 사용하는 것은 석회고토 분말과 석회석 분말이며 때로는 패화석 분말을 사용하는 경우도 있는데 부산석회·부산소석회는 유기농업에서는 이용할 수 없다.

- 석회고토 분말의 경우 석회 성분(Ca) 외에 고토 성분(Mg)이 함유되어 고토의 시용효과도 기대할 수 있다.

## 3. 객토

- 특수성분이 부족할 경우나 토양의 물리성을 개선할 목적으로 실시하는 토양개량 방법으로 모래논에 식질토양을 객토하여 물 빠짐을 개선하는 등 원래 토성의 반대성질을 가진 토양을 객토하는 경우가 많다.
- 객토원은 구하기 쉽고 저렴하며 객토효과가 잘 나타나야 하는데 우리나라에서는 찰흙 함량이 25% 이상인 적황색 토양이 일반적으로 이용된다.
- 논토양 유형별 객토대상지는 아래와 같이 나눌 수 있다.
  - **효과가 있는 논**: 사질논, 고논, 염해논, 특이산성논, 오염된 논
  - **효과가 적은 논**: 보통논, 미숙논

# Ⅲ. 녹비작물을 이용한 벼 유기재배 주요기술

## 1. 녹비작물의 정의 및 이용 효과

**✚ 녹비작물(綠肥作物, Green Manure Crops)이란?**

• 화학비료를 대체 · 절감하기 위하여 푸를 때 베어서 토양에 투입하여 양분을 공급해주는 작물을 말한다.
  - **콩과**: 헤어리베치, 자운영, 클로버류 등
  - **볏과**: 보리, 귀리, 호밀, 들묵새 등
  - **경관겸용**: 유채, 겨자, 메밀, 파셀리아 등

**✚ 유기농업에서 녹비작물의 역할**

• CODEX 지침에 따르면 유기농업은 외부물질 투입보다 생태계 내의 물질 순환을 원칙으로 하고 있어 녹비작물은 이 원리에 가장 적합하다.
• 친환경농업육성법의 유기농산물 생산 시 심근성 · 콩과 · 녹비작물을 작부체계 내에 도입하는 것을 권고하고 있다.
※ 장기간의 적절한 윤작계획에 따라 콩과작물 · 녹비작물 또는 심근성작물을 재배하여야 한다(친환경농업육성법 시행규칙 9조).

## ✚ 녹비작물 이용효과

- 토양의 물리 · 화학적 개선으로 토양건전성 및 비옥도(Fertility)를 증진시킬 수 있다.
- 토양유기물 및 질소이용률 증대로 작물생산성을 향상시킬 수 있다.
- 토양피복으로 토양침식 방지, 잡초발생 경감, 농촌경관 조성에 도움이 된다.

  ⇒ 생태계 내의 양분순환으로 벼 유기재배의 기반을 조성한다.

## 표 2. 녹비작물별 주요 이용효과

| 콩과 녹비작물 | 볏과 녹비작물 | 경관겸용 녹비작물 |
|---|---|---|
| • 공중질소 고정으로 비료 대체 또는 절감 효과 우수<br>• 토양환원 시 분해가 빠름 | • 토양 양분 유실 방지(Catch Crop)<br>• 생산량이 많으며 토양에 유기물 공급 | • 농촌의 경관 조성 및 국민 정서 함양<br>• 녹비작물의 다양화로 농경지 생태계 안정성에 기여 |

헤어리베치

보 리

유 채

자운영

호 밀

파셀리아

크림손클로버

들묵새

메 밀

# 2. 주요 녹비작물 재배와 벼 이용기술

✚ 헤어리베치(Hairy Vetch, *Vicia villosa* Roth)의 재배 및 이용기술

### (1) 헤어리베치의 특성

- 덩굴성 포복형으로 생육하는 1년생 또는 월년생 콩과 녹비작물이다.
- 초장은 60~90cm이며 화본과 작물과 혼파 재배 시는 90~120cm 까지 자란다.
- 꽃은 한 송이에 약 30개의 자주색 꽃이 5월 중순에 피기 시작하여 약 1개월 정도 개화가 지속된다.
- ※ 내한성이 자운영보다 강하여 대전 이북 등 전국에서 재배 가능하다.

그림 2. 헤어리베치

## (2) 헤어리베치 재배기술

- **파종기**: 대전 이북은 9월 하순, 대전 이남은 10월 상순 이전이 적정시기이다.
- **파종량**: 6~9kg/10a(첫해는 근류균 착생을 위해 최대 파종량을 권장한다.)
- **파종방법**
  - **입모 중 산파**: 벼 수확 전 10~15일 전후에 벼가 서 있는 상태에서 종자를 인력 또는 동력살포기를 이용하여 흩어 뿌린 다음, 벼 수확 후 볏짚을 피복한다.
  - **조파·산파**: 벼 수확 후 부분경운 조파, 로터리 산파 및 경운 후 조파가 가능하며 월동력을 높일 수 있게 가능한 빨리 파종하여야 한다.
- **토양 및 시비관리**
  - **토양산도**: pH 4.9~8.2의 광범위한 토양산도에서 생육이 가능하다.
  - **토성 및 배수**: 모래함량이 많은 사양질의 수직배수가 양호한 토양이 적당하다.
  - **시비**: 땅심이 낮은 곳에서는 인산, 칼리, 황을 시용할 수 있으나 벼 유기재배를 위하여 무화학비료 재배를 원칙으로 한다.
- ※ 수직배수가 불량한 논에서 재배할 때는 배수로 정비를 철저히 해야 한다.

## (3) 헤어리베치를 이용한 벼 재배기술

- **품종**: 헤어리베치와의 윤작체계를 고려하여 지역에 알맞은 품종 중에서 밥맛이 좋으며 쓰러짐에 강한 품종을 선택한다.
- **토양환원**
  - **시기 및 방법**: 이앙 2주 전(중부지방 기준, 5.15~5.25) 트랙터를 이용한 로터리 작업을 한다.
  - **환원량**: 질소 생산량을 고려하여 생초량 기준 1,500~2,000kg/10a
  ※ 생초 2,000kg 함유 비료량: 질소 10~14, 인산 4~8, 칼리 8~16kg
  - **본답준비**: 벼 이앙 5~7일 전에 물 로터리 후, 포장의 상태에 따라서 3일 전에 정지 작업하고 낙수하여 본답을 굳힌 후 이앙한다.
- **본답 시비관리**: 화학비료를 전혀 사용하지 않는다.

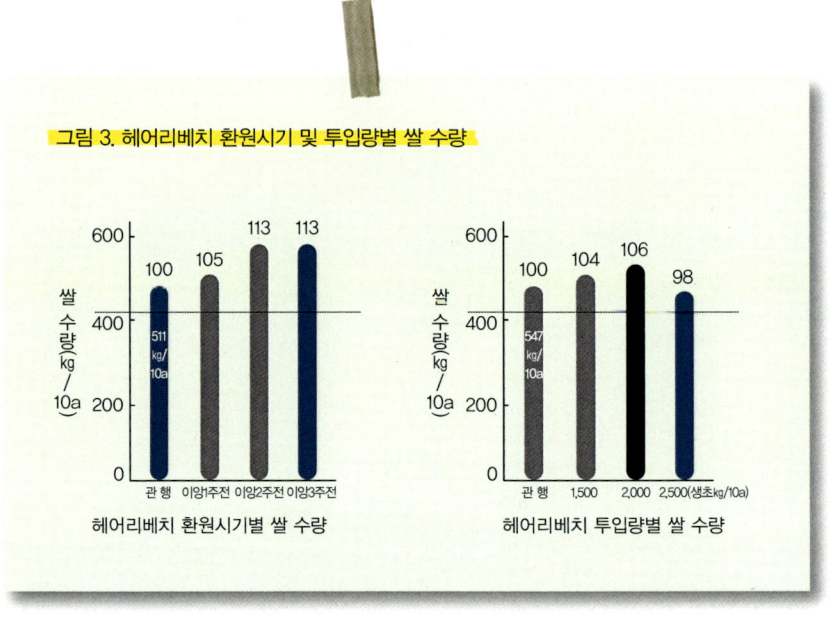

그림 3. 헤어리베치 환원시기 및 투입량별 쌀 수량

헤어리베치 환원시기별 쌀 수량

헤어리베치 투입량별 쌀 수량

## (4) 개선 및 주의사항

- 벼와 작부체계상 조숙성 품종 선발 및 개발이 필요하다.
- 답리작에 재배안전성 증진 및 병해충 발생에 관한 생태연구가 미흡하다.
- 헤어리베치의 생육이 왕성할 경우 토양에 조기환원한다.
  - 10a당 2,000kg 이상 토양 투입 시 도복·병해충의 발생 증가 및 미질 저하의 우려가 있기 때문이다.

그림 4. 벼 재배 시 헤어리베치의 이용방법

입모 중 파종 후 생육

헤어리베치 토양투입

투입 후 벼 재배

**✚ 자운영(紫雲英, Chinese Milk Vetch, *Astragalus sinicus* L.)의 재배 및 이용기술**

### (1) 자운영의 특성

- 자운영은 월년생 콩과 녹비작물이다.
    - 동절기 평균 최저기온이 −5℃ 이상인 지역(대전 이남)에 재배가 가능하다.
- 키는 40~130cm이며, 잎의 길이는 10~20cm, 꽃은 꽃자루 끝에 여러 개가 모여 달리며 홍자색(길이 1.2cm가량, 나비 모양)이다.

그림 5. 자운영

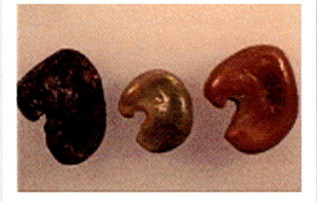

## (2) 자운영 재배기술

- **적지토양**: 배수가 잘되는 사양질 토양
- **파종적기 및 파종량**: 9월 20일~9월 25일, 3~6kg/10a
- **파종조건**: 낙수 전 물깊이 0.5~1.0cm, 낙수 후 포화수분 상태
- **파종방법**: 벼 수확 전 손파종 또는 동력살포기를 이용해 파종한다.
- ※ 벼 콤바인 수확 시 볏짚절단 피복으로 월동률을 증진: 볏짚 무피복 53% ⇒ 피복 72%

## (3) 자운영을 이용한 벼 재배기술

- **토양환원 시기**: 5월 25일(결실기)~6월 5일
- ※ 자운영 부숙 촉진: 환원 전 석회 100kg/10a 살포(개화기)
- **품종**: 해당지역에서 장려되는 고품질 내도복성 품종을 선택한다.
- **시비 관리**: 10a당 생초 2.0~2.5톤 토양환원 시 질소비료 완전대체가 가능하다.
- 유기재배가 아닌 친환경재배(무농약, 저농약)의 경우, 땅심이 낮은 경우에는 질소 추비 및 인산과 칼리를 시비할 수도 있다.

**표 3. 자운영 투입시기별 주요 양분함량** (단위: %)

| 생육시기 | 질 소 | 인 산 | 칼 리 |
| --- | --- | --- | --- |
| 개화초기 | 2.7 | 0.58 | 2.06 |
| 개화성기 | 2.4 | 0.43 | 1.56 |
| 결실기 | 2.0 | 0.31 | 0.90 |

출처: 농촌진흥청 호남농업연구소('09~'00)

- 자운영은 자연 재입모(Self-reseeding) 특성이 있어 1회 파종으로 지속재배가 가능하나 관리에 유의하여야 한다.

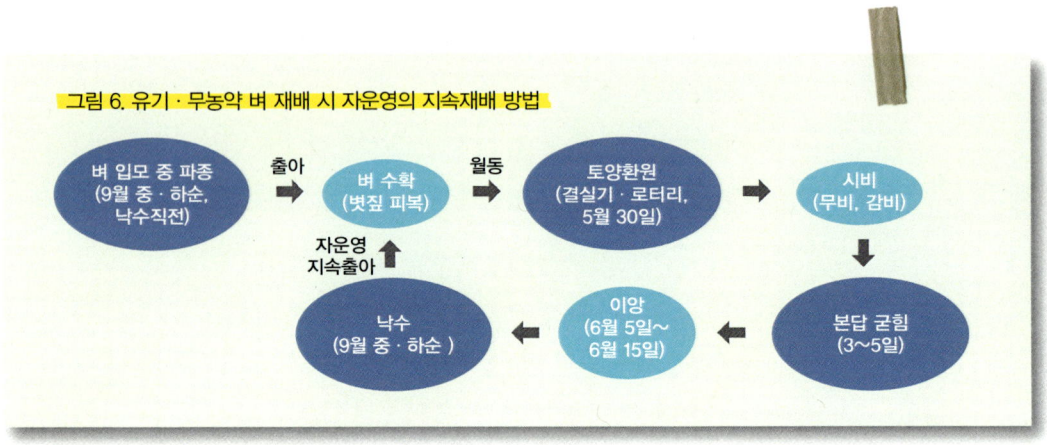

그림 6. 유기 · 무농약 벼 재배 시 자운영의 지속재배 방법

## (4) 자운영을 이용한 벼 재배의 주요 보완점

- 내한성이 약해 대전 이북, 산간지 등 재배에 제한이 있다.
- 녹비 생산성이 다소 낮고 월동기 환경에 따라 변이가 크다.
- 알팔파바구미 등 문제해충에 대한 친환경 방제기술 개발이 필요하다.

### ✚ 보리녹비의 재배 및 이용기술

### (1) 보리녹비란?

보리를 거름(비료)을 얻을 목적으로 재배하여 푸를 때 베어서 농경지에 넣어 주는 것을 말한다.

### (2) 보리녹비 재배법

- **파종기**: 10월 상순~하순(지역별 보리 파종적기)
- **파종방법**: 벼 입모 중 파종, 벼 수확 후 세조파, 광산파 또는 부분 경운직파한다.
- **파종량**: 14~18kg/10a
- 지역별 녹비보리 품종은 다음과 같다.

중부지역
영양보리
팔도보리
상록보리

충청지역
올 보 리
영양보리
건강보리
광안보리

호남지역
영양보리
큰알보리
광안보리

영남지역
영양보리
큰알보리
광안보리

### (3) 보리녹비를 이용한 벼 재배기술

- **토양환원 시기**: 보리 출수기~출수 후 10일(벼 이앙 전 20일)
- **품종**: 해당지역에서 장려되는 고품질 내도복성 품종을 선택한다.

- **시비관리**: 10a당 생초 2.0톤 토양환원 시 쌀 수량은 95%로 보리녹비만으로는 벼 유기재배 시 화학비료 100% 대체가 불가능하다.
- 보리녹비를 이용한 유기벼 재배를 위해서는 헤어리베치 등과 같은 콩과 녹비작물과 혼파할 필요가 있다.

**표 4. 토성별 보리녹비, 보리녹비와 헤어리베치 혼파 시 생산성**

| 토 성 | 처리내용 | 초 고 (cm) | 생초중 (kg/10a) | 건물중 (kg/10a) | 질소생산성 (kg/10a) | C/N율 |
|---|---|---|---|---|---|---|
| 사양토 | 보리녹비 | 57.6 | 860 | 260.2 | 2.22 | 52.6 |
| | 혼 파 | 83.3 | 2,520 | 476.6 | 11.3 | 28.9 |
| | 보 리 | 68.8 | 720 | 171.9 | 1.75 | 43.8 |
| | 헤어리베치 | 97.8 | 1,800 | 304.7 | 9.55 | 14.3 |
| 양 토 | 보리녹비 | 55.3 | 1,060 | 270.6 | 2.50 | 49.1 |
| | 혼 파 | 89.8 | 2,580 | 481.5 | 11.7 | 34.9 |
| | 보 리 | 75.1 | 560 | 115.2 | 0.96 | 54.3 |
| | 헤어리베치 | 104.4 | 2,020 | 366.3 | 10.7 | 15.4 |
| 식양토 | 보리녹비 | 57.5 | 880 | 226.8 | 1.88 | 54.0 |
| | 혼 파 | 70.0 | 2,020 | 486.5 | 9.10 | 33.4 |
| | 보 리 | 68.9 | 980 | 246.4 | 2.21 | 50.8 |
| | 헤어리베치 | 71.1 | 1,040 | 240.1 | 6.89 | 16.0 |

그림 7. 보리녹비와 헤어리베치의 혼파 및 보리녹비 단파

출처: 농촌진흥청 포토뱅크

# Ⅳ. 유기물에 의한 양분 관리

## 1. 유기물 양분 관리의 원칙

- 유기농업에서 화학비료를 대체하여 양분을 공급하기 위해서는 유기물을 시비하여야 하는데, 유기물 중의 양분함량 차이, 탄소/질소비율(C/N비)에 따라 양분공급능력은 큰 차이가 나며, 토양의 수분함량, 온도 및 산소공급 등 환경조건에 의해 분해속도가 크게 차이가 난다.

- C/N비가 30 이상 높을 경우는 일시적인 질소기아 현상이 올 수 있고 톱밥과 같이 C/N비가 200 이상일 경우는 수년간 영향을 줄 수도 있다. 따라서 유기물 투입 시에는 C/N비를 25~30 이하로 조절하여야 한다.

- 생육기간이 짧은 작물의 경우 C/N비가 낮은 유기물을 공급하는

것이 유리하며, 생육기간이 긴 작물은 C/N비가 20~30 정도의 유기물을 공급하고 필요에 따라 C/N비가 낮은 유기물로 추비를 공급할 수 있다.

## 2. 유기물 양분공급원의 종류

✚ 벼 유기재배에서 활용할 수 있는 유기물 공급원으로는 헤어리베치나 자운영과 같은 콩과 녹비작물이 가장 바람직하지만 토양조건이 불량하여 녹비재배가 어려운 경우, 유박이나 기타 유기양분 공급원을 이용해야 한다.

### ✚ 작물잔사(볏짚·보리짚)

- 농업부산물로 가장 많은 양을 차지하는 볏짚이나 보리짚을 토양에 다시 환원하는 것은 중요하다. 이러한 부산물은 양분공급뿐만 아니라 미생물의 먹이로서 토양유기물을 만드는 데 중요한 기능을 하고, 양분을 저장하여 천천히 벼에 공급하는 역할을 한다.
- 작물잔사는 대부분 C/N비가 높고(60~100) 양분이 적어 작물재배 시 C/N비가 낮고 질소함량이 높은 유기물의 추가 투입이 필요하다.

### ✚ 부산물비료와 유기질비료의 차이

- 비료공정규격에는 크게 보통비료와 부산물비료로 구분하며, 보통비료는 유기질비료를 포함한 일반 화학비료가 있으며, 부산물비료는

가축분퇴비 등이 포함된 부숙비료와 미생물비료로 구분하고 있다.

- 유기질비료는 함유하여야 할 주성분의 최소량을 보증하여야 하고, 중금속 등 유해성분을 규정하고 있어 대부분 양분공급 효과가 크다. 유박 등을 주성분으로 하여 부숙과정을 거치지 않고 만든 비료로서 부산물비료는 질소함량이 1~2%로 낮은 반면 유기질비료는 보통 4% 이상으로 높은 편이다.

- 부산물비료는 대부분 유기물함량을 보증하고 그 밖에 유기물 대 질소의 비, 염분, 수분, 부숙도 등을 규정하고 있어 토양개량적 효과가 크다. 주로 가축분뇨를 주성분으로 하고 톱밥이나 왕겨 등을 부자재로 하여 부숙시킨 비료이다.

## ✚ 유기질비료

- 동식물성 부산물인 유박(油粕)류(깻묵), 골분(骨粉), 어박(漁粕)류, 혈분(血粉) 등을 주원료로 하여 제조한 비료로 양분함량이 높고 C/N율이 낮아(5~8) 쉽게 분해되는 특성이 있다.

- 토양유기물 증진 측면보다는 양분공급용으로 주로 이용되며, 종류에 따라 질소, 인산, 칼리의 성분함량이 다르며, 육골분(肉骨粉)의 경우 인산함량이 높다.

| 표 5. 식물성 · 동물성 유기질비료의 성분 | | | (단위: %) |
|---|---|---|---|
| 종 류 | 질 소 | 인 산 | 칼 리 |
| 채종유박 | 5.6 | 2.5 | 1.3 |
| 대두박 | 7.2 | 1.6 | 2.2 |
| 미강유박 | 3 | 5.5 | 1.5 |
| 골 분 | 4~7 | 12~21 | − |
| 어 박 | 10 | 1.5 | 0.6 |
| 혈 분 | 12 | 1 | 0.4 |

## ✚ 부산물비료

- 계분, 돈분, 우분을 주성분으로 하는 가축분뇨퇴비를 유기농업에 이용하기 위해서는 퇴비 중에 항생물질이 검출되지 않은 조건이어야 한다.
- 가축분뇨 중 계분은 양분함량이 높은 편이며 특히 인산 및 칼리의 함량이 높고, 우분의 경우는 유기물함량이 높으나 양분함량은 낮다.
- 가축분뇨로 퇴비를 만들 때는 분뇨의 특성과 톱밥, 왕겨와 같은 수분조절제의 특성을 고려해 최종 퇴비의 C/N율이 25 이하가 되도록 조절할 필요가 있다.

## ✚ 기타

- 벼 유기재배 시 제초방법인 쌀겨농법과 오리농법에서의 오리분뇨에 의한 유기질 투입도 상당량의 양분공급 효과를 가질 수 있다.

## ✚ 유기물의 양분공급량

- 벼 유기재배에서 영양원으로는 다양한 유기자원들이 사용되고 있는데, 유기자원 종류별 시용기준을 설정하기 위하여 헤어리베치, 쌀겨, 채종유박 등 8종을 대상으로 요소의 무기화율을 100으로 하였을 때의 상대적인 무기화된 비율로 추정한 질소무기화율을 조사한 결과는 (표 6)과 같다.

### 표 6. 유기자원별 특성 및 질소무기화 비율

| 구 분 | 헤어리<br>베치 | 쌀 겨 | 자운영 | 채종<br>유박 | 호 밀 | 볏짚<br>퇴비 | 돈분왕겨<br>퇴비 | 볏 짚 |
|---|---|---|---|---|---|---|---|---|
| 총 질소(건물, %) | 3.7 | 2.6 | 2.2 | 5.7 | 1.2 | 1.8 | 2.4 | 0.5 |
| 수분(%) | 75.1 | 9.8 | 77.5 | 0.5 | 73.6 | 75.3 | 40.8 | 9.9 |
| 탄질률 | 12.0 | 18.5 | 17.3 | 8.7 | 37.0 | 14.2 | 14.9 | 78.2 |
| 질소무기화비율(%) | 100 | 100 | 91 | 86 | 60 | 58 | 55 | 29 |

출처: 국립농업과학원('05)

- 녹비작물에서는 헤어리베치가 질소무기화율 100%로 가장 높았고, 유기재료 중 쌀겨나 채종유박도 각각 100%, 86%로 좋았다. 그러나 볏짚퇴비와 돈분왕겨퇴비는 각각 58%, 55%로 낮은 편이었으며 볏짚은 29%로 가장 낮았다.
- 이는 유기물 속에 포함되어 있는 탄소와 질소 성분의 비율, 즉 탄질률이 낮을수록 질소의 무기화율이 높으며, 유기물의 분해가 빨라 작물이 쉽게 이용할 수 있다는 의미로, 무기화율 100%라는 것은 화학비료 질소기준량으로 시비하는 것과 같다는 의미이다.
- 볏짚과 헤어리베치를 여러 가지 비율로 조합하여 질소무기화 효율을 비교하여 시험한 결과는 (표 7)과 같다.

표 7. 탄질(C/N)률 차이에 따른 질소무기화 효율

| 볏짚+헤어리베치 조합의 탄질률 | 10(기준) | 15 | 20 | 25 | 30 | 40 | 80 |
|---|---|---|---|---|---|---|---|
| 질소무기화비율(%) | 100 | 94 | 85 | 77 | 72 | 53 | 28 |

- 유기자원별로 무기화 비율에 따라 질소공급량의 추정값을 환산한 결과(표 8), 채종유박이 kg당 48.9g으로 가장 많았고 쌀겨가 그 절반 수준이었으며 헤어리베치와 돈분왕겨퇴비가 7~9g 정도였고 볏짚·볏짚퇴비와 호밀 등은 미미하였다.
- 이와 같은 결과는 유기질비료의 과다 투입으로 인한 환경오염 및 수량, 품질저하를 방지하기 위하여 적정 투입량을 추정하는 데 활용할 수 있으며, 특히 호밀과 볏짚·볏짚퇴비는 단기적인 양분공급의 의미보다는 전통적인 퇴비로서의 역할 또는 지속적인 양분공급 효과의 의미가 더 크다고 할 수 있으므로 이들 유기물을 공급하였을 때는 추가의 영양공급이 필요하다.

표 8. 유기자원별 무기화비율에 따른 질소공급량의 추정값

| 유기물원 | 수분 (%) | 질소함량 (건물,%) | 질소 성분량 (kg/톤) | 무기화 비율 (%) | 무기화 질소 성분량 (kg/톤) | 질소 (11kg/10a) 수준 투입량 (관행) | 무기화비율을 고려한 질소(11kg/10a) 수준 투입량 |
|---|---|---|---|---|---|---|---|
| 헤어리베치 | 75.1 | 3.7 | 9.2 | 100.0 | 9.2 | 1,201 | 1,201 |
| 쌀 겨 | 9.8 | 2.6 | 23.1 | 100.0 | 23.1 | 476 | 476 |
| 자운영 | 77.5 | 2.2 | 5.0 | 90.8 | 4.5 | 2,185 | 2,407 |
| 채종유박 | 0.5 | 5.7 | 56.9 | 85.9 | 48.9 | 193 | 225 |
| 호 밀 | 73.6 | 1.2 | 3.1 | 59.5 | 1.84 | 3,583 | 5,946 |
| 볏짚퇴비 | 75.3 | 1.8 | 4.5 | 58.4 | 2.63 | 2,451 | 4,197 |
| 돈분왕겨퇴비 | 40.8 | 2.4 | 14.2 | 55.1 | 7.80 | 777 | 1,410 |
| 볏 짚 | 9.9 | 0.5 | 4.7 | 29.2 | 1.37 | 2,343 | 8,023 |

출처: 농촌진흥청 포토뱅크

## Part 04

•

육 묘 및 본 논 관 리

# I. 볍씨 소독과 침종

## 1. 볍씨 준비

- 벼 유기재배에 알맞은 종자는 우선적으로 화학비료와 합성화학농약을 전혀 사용하지 않은 유기농산물로 인증기준에 맞게 재배한 포장에서 생산한 유기종자를 사용하여야 한다.
  - 지역별 적응 특성을 감안하여 자가채종하는 것이 바람직하다.
- 볍씨를 수확할 때는 다른 필지와 인접되어 있는 곳을 피하고 한 필지에서는 가장자리보다 가운데에서 수확하는 것이 종자의 순도를 높일 수 있으며 병해충 피해가 없고 낟알이 충실하게 잘 여문 곳을 골라서 수확한다.
  - 자가채종 시 종자로 사용할 볍씨는 이삭의 약 90% 정도가 익었을 때 벼를 수확한다.
  - 콤바인과 같은 기계수확보다는 낫으로 베어서 작은 단으로 묶어 건조시키고, 손홀태나 발홀태를 사용하여 탈곡해야 볍씨에 충격을 주지 않아 벼알에 금이 가지 않은 건실한 볍씨를 생산할 수 있다.
- 수확한 볍씨는 서늘한 곳에서 건조시켜 수분 14% 이하가 되도록 보관한다.
  - 볍씨를 보관하는 장소는 공기가 잘 통하고 직사광선이 들지 않은 곳이 좋다.
  - 정선이 잘된 상태로 중량 5kg 정도씩 소포장하여 처마 끝이나 창고 내부에 매달아서 보관하면 겨울 동안에 호흡에 의한 양분 손실이 적고 쥐 등 저곡해충 피해를 최소화하여 발아율 및 발아

세가 매우 좋은 상태의 종자를 유지할 수 있다.

## 2. 소금물가리기 (염수선)

- 건전한 볍씨의 확보는 발아력 향상과 초기 생육을 양호하게 하며 볍씨의 발아와 초기 생육에 필요한 양분은 배유(씨젖)에 의존한다. 따라서 볍씨가 충실히 여물어서 배유가 크고 무거운 것이 발아와 초기 생육에 좋다.
- 충실한 볍씨를 준비하는 데는 일반적으로 소금물가리기를 한다.
  - 소금물가리기를 위한 소금물의 비중은 메벼는 비중계로 1.13을 맞추어 실시하는 것이 좋으나, 비중계가 없을 경우 물 20L에 소금 4.23kg을 넣어 잘 녹인 다음 신선한 달걀을 띄웠을 때 옆으로 누워 뜨는 정도로 맞추어야 한다.
  - 찰벼는 비중 1.04(물 20L+ 소금 1.29kg) 조건에서 소금물가리기를 실시한다.
  - 소금물이 만들어지면 볍씨를 넣고 잘 저어 물 위에 뜬 볍씨는 건져 내고 밑에 가라앉은 볍씨를 사용한다.
  - 소금물가리기는 3~10분 이내로 하고, 작업이 끝난 다음 볍씨는 물로 깨끗이 씻은 후 그늘에 말려 볍씨 소독 때까지 보관하거나 바로 볍씨 소독을 한다.
- 볍씨를 소금물에 오래 담가두면 발아를 해치기 쉬우므로 곧 민물로 잘 씻어야 한다. 소금물가리기는 성묘율과 건묘율을 높이고, 특히 각종 장해가 발생하기 쉬운 한랭지의 못자리에서는 발아와 초기 생육을 촉진시킨다.

# 3. 볍씨 소독

## ✚ 종자 소독의 필요성

표 1. 소금물가리기 후 볍씨 수세 여부와 발아와의 관계

| 구 분 | 민물 수세여부 | 발아율(%) | | |
|---|---|---|---|---|
| | | 4일째 | 5일째 | 7일째 |
| 소금물에 3분간 침지 | 수세한 것 | 70 | 100 | 100 |
| | 수세하지 않은 것 | 37 | 76 | 92 |
| 소금물에 10분간 침지 | 수세한 것 | 90 | 96 | 100 |
| | 수세하지 않은 것 | 44 | 74 | 98 |

- 종자 소독은 볍씨로 전염되는 병해충을 사전에 예방하는 한해 농사 병해충 방제의 첫걸음이다.
  - 볍씨에 붙어 월동하여 전염되는 병해충으로는 도열병, 세균성 벼알마름병, 키다리병, 벼잎선충 등을 들 수 있다.
  - 병해충에 감염된 종자가 발아하여 포장에 정착한 후 발병되기 시작하면 발병률이 증가하고 피해가 늘어난다.
- 최근 들어 많이 실천하고 있는 기계이앙 상자육묘는 파종량이 많아 밀파되고 출아를 위해서 온도를 32℃ 정도로 고온 상태로 유지함으로써 상자 내에서 제2차 감염에 의한 못자리 피해가 발생하기 쉽다.
- 따라서 육묘기간 중 감염종자에서 비롯된 균사의 확산으로 건전한 종자까지 급속히 병해충 피해가 확산되므로 볍씨 소독을 통해 사전 예방하는 것이 무엇보다 중요하다.

그림 1. 생육 단계에 따른 키다리병 발병 상황

못자리 키다리병 발생

본답에서 키다리병 개체

정상 개체와 키다리병 개체

## ✚ 소독 및 침종

- 유기재배에서는 화학 약제를 사용하지 않기 때문에 병원균을 죽이기 위하여 물리적인 방법을 동원하거나 살균력을 가진 친환경자재를 사용하여야 한다.
  - 병원균은 일정한 온도와 시간 조건에서 죽기 때문에 열처리를 함으로써 병원균을 죽일 수 있다.
  - 열처리 방법 중에는 건조된 볍씨를 건열로 처리하는 방법과 뜨거운 물에 볍씨를 담가 일정시간을 지나게 하는 방법이 있다.
  - 뜨거운 물을 사용하는 방법은 다시 찬물과 뜨거운 물에 교대로 볍씨를 담그는 냉수온탕침법과 뜨거운 물에 볍씨를 담그는 온탕침법으로 나눌 수 있다.
- 냉수온탕침법은 소금물가리기를 한 볍씨를 15℃ 정도의 냉수에 1~2시간 동안 담근 후 58℃ 온탕에 15분간 침지하여 소독하는 방법이다.
- 온탕침법은 정선된 볍씨를 냉수에 침종하지 않고 마른 상태로 60℃ 온수에 10분간 또는 65℃ 온수에 7분간 담가 소독하는 방법이다.
  - 이때 온탕 소독이 끝나면 볍씨를 곧바로 꺼내어 찬물에 넣어야 한다.
  - 물에 담그면서 볍씨를 소독하는 두 가지 방법 중 온탕침법이 냉수온탕침법에 비하여 고온으로 소독 시 볍씨의 발아율을 안정적으로 유지시킬 수 있어 보다 효과적인 방법이다.
- 냉수온탕침법과 온탕침법을 시행하는 데 있어 주의할 점은 물의 온도를 책정한 수준으로 맞추어 놓더라도 볍씨를 담그는 순간부터

온도가 내려가므로 절대로 많은 종자를 한꺼번에 담그지 말고 약 5~10kg 정도의 볍씨를 그물망에 넣어 물속에서 저어가면서 담가야 볍씨 내부까지 수온 전달이 양호하여 소독효과가 커진다.
- 이때 물의 양은 종자량의 10~20배 정도로 해야 물의 온도를 일정하게 유지할 수 있다.
- 또한 물의 온도가 책정한 수준 밑으로 내려가지 않도록 전열기구나 불을 이용하여 계속적으로 가열해야 하며 7분 또는 10분 동안 소독물의 온도를 정확하게 유지하기 위해서는 종자발아기 겸용 온탕소독기를 이용하는 것이 편리하다.
• 열에 의한 소독법은 품종별 특성, 채종 후 경과일수, 볍씨의 성숙도, 왕겨 두께 등에 따라 내열성에 차이가 있으므로 소독 효과가 다르게 나타날 수도 있다.

표 2. 온탕소독 효과 (단위: %)

| 물 온도/유지시간 | 58℃/10분 | 60℃/10분 | 62℃/10분 | 65℃/7분 |
|---|---|---|---|---|
| 발아율 | 94.0 | 96.0 | 96.5 | 88.5 |
| 키다리병 방제율 | 94.3 | 97.0 | 97.6 | 97.4 |

※ 품종: 호평벼; 냉수에 침지하지 않고 건(마른)종자를 온탕 소독 실시
출처: 전라남도 농업기술원('02)

• 이 밖에 친환경농자재를 이용한 방법으로는 나노○○, 씨알-○○, 씨○○, 목초액, 키토산, 천혜녹즙, 아미노산, 유산균 및 한방영양제를 희석하여 사용하는 방법이 있다.
- 목초액을 이용한 볍씨 소독은 목초액 200배액에 10~15분간 볍씨를 침지한 후 건져서 그늘에서 말리는 방법으로 소독뿐 아니라 발아촉진, 발근촉진, 키다리병을 제외한 다른 병해 예방에도

도움이 된다고 한다.

– 키토산을 활용하는 방법은 키토산 300배액에 12~14시간 침지하며, 시판 친환경자재인 씨○○ 및 씨알-○○을 활용하는 경우에는 각각의 자재를 50~100배액으로 희석한 후 30℃에서 24시간 침지하여 소독한다.

– 친환경자재를 이용하는 방법은 그 자체로서 완벽한 방제가 어렵기 때문에 1차로 온탕소독을 한 후 친환경자재를 활용하여 소독하면 효과가 더 좋고 볍씨의 소독에 의한 키다리병 방제 효과를 높이기 위하여 온탕소독과 친환경자재를 조합하여 시험한 결과, 마른종자를 65℃에서 7분간 온탕소독한 후 나노○○ 100배액으로 30℃에서 48시간 소독할 경우, 종자의 키다리병 감염 정도에 관계없이 방제효과가 가장 높았다.

– 그러나 여기에 사용한 나노○○라는 자재는 은나노 제품으로서 제조과정에서 일부 화학물질을 사용하기 때문에 유기재배에는 사용할 수 없고 그 이하의 단계에서만 사용 가능하다.

표 3. 품종 및 소독방법별 키다리병 방제 효과 (단위: %)

| 볍씨 소독방법 | 호평벼 | | | 호품벼 | | | 운광벼 | | |
|---|---|---|---|---|---|---|---|---|---|
| | 이병주율 | 방제효과 | 성묘율 | 이병주율 | 방제효과 | 성묘율 | 이병주율 | 방제효과 | 성묘율 |
| 냉수온탕 침법 | 62.5 | 13.7 | 96.9 | 26.5 | 50.4 | 97.2 | 25.3 | 19.3 | 96.8 |
| 60℃/10분 | 54.6 | 24.6 | 99.6 | 23.9 | 55.3 | 99.6 | 22.0 | 30.0 | 99.6 |
| 65℃/7분 | 45.1 | 37.7 | 98.5 | 26.0 | 51.5 | 98.3 | 29.4 | 6.3 | 97.8 |
| 씨○○ | 47.3 | 34.7 | 99.2 | 35.4 | 33.7 | 99.6 | 22.5 | 28.2 | 97.2 |
| 65℃/7분 fb씨○○ | 38.8 | 46.3 | 99.6 | 30.4 | 43.2 | 99.2 | 13.0 | 58.5 | 98.4 |
| 65℃/7분 fb 나노○○ | 3.2 | 95.6 | 99.6 | 4.2 | 92.1 | 99.2 | 2.8 | 90.9 | 99.7 |
| 무처리 | 72.4 | – | 99.7 | 53.5 | – | 98.9 | 31.4 | – | 99.2 |

출처: 전라남도 농업기술원('09)

- 최근 친환경재배 면적이 늘어나면서 못자리나 본논에서 키다리병에 걸린 사례가 증가하고 있고 이는 키다리병에 걸린 포장에서 채종한 종자를 사용하는 경우와 효과가 좋은 온탕소독방법을 실시하면서 소독과정 중 온도관리 미흡 그리고 전년에 사용했던 육묘상자를 깨끗이 씻지 않고 이듬해 그대로 사용함으로써 육묘과정에서 전염된 경우 등으로 원인을 들 수 있다.

- 일반적으로 농가에서 사용하는 볍씨는 모두 병원균에 감염된 것이 아니기 때문에 효과가 조금 낮더라도 거의 방제가 되지만 실험실에서 병원균을 접종하여 인위적으로 100% 감염시킨 종자를 사용하여 시험한 결과, 친환경적인 방법에 의한 볍씨 소독은 화학약제에 비하여 그 효과가 약간 떨어진다. 따라서 종자로 전염되는 여러 가지 병이 걸리지 않은 깨끗한 포장에서 채종하고 볍씨 소독을 한 후 사용하는 것이 가장 완전한 방제법이 될 것이다. 실제 일본의 몇몇 유기재배 농가에서는 반경 1.5km 이내에 키다리병 등의 병이 걸리지 않은 포장에서 채종한다고 한다.

## 4. 최아 (싹틔우기)

- 대체로 볍씨는 중량의 23% 정도의 물을 흡수하면 발아 과정을 시작하며, 볍씨 소독 과정과 동시에 물을 흡수하기 때문에 볍씨 소독이 끝난 후 적산온도 100℃ 정도로 침종하면 볍씨가 발아한다. 즉 25℃로 침종하면 4일 정도, 15℃에서는 7일간 침종하면 발아되어 어린 싹이 밖으로 나올 단계가 된다. 침종할 때에는 자주 신선한 물로 갈아 주어 볍씨에 필요한 산소를 공급해 주어야 볍씨의 활력

이 유지될 수 있고 발아율을 높일 수 있다.

- 적산온도 100℃ 정도로 침종하면 일부 발아가 잘되는 품종은 물속에서 하얀 색의 어린 싹이 밖으로 보이는 출아(出芽)가 되기도 하나 발아가 잘 안 되는 품종은 물속에서 건져 물기를 빼고 따뜻한 곳에 두어 싹틔우기를 한다. 싹틔우기(催芽)는 충분히 침종한 종자일 경우 30~32℃의 조건이면서 어두운 곳에 보통 하루 정도 두어서 싹 길이를 1mm 정도로 키우면 적당하다.

  - 싹이 너무 길면 파종 작업 시 싹이 부러져서 손상 우려가 있으며, 싹이 작으면 싹틀 때 모의 크기가 불균일해지기 쉽다.

  - 파종 전에 싹틔우기가 고르게 잘되어야 모판의 균일도를 높일 수 있고 이앙 작업도 수월해진다. 균일한 싹틔우기를 위해서는 먼저 32℃ 정도의 온도와 적당한 수분, 산소공급이 충분하게 이루어져야 한다. 따라서 이와 같은 3대 요건을 충족시킬 수 있는 발아기를 이용하여 최아작업을 수행하면 더욱 좋다. 또한 최근 개발된 발아기에는 산소 공급 장치가 있어 더욱 발아율을 높일 수 있고 발아기간도 단축시킬 수 있어 보다 유리하다.

- 특히 보온육묘를 하는 경우 볍씨를 침종만 하여 파종하면 발아할 때까지 상당히 오랜 기간이 소요되므로 그동안 각종 장해를 받을 우려가 있고 모의 생육이 지연되며 성묘율도 저하되므로 싹틔우기를 하여 파종하는 것이 좋다.

- 농사의 農(농)자는 노래 曲(곡)자 밑에 별 辰(신)자가 붙어 만들어진 글자다. 직역하면 별, 즉 '일日 월月 성星 신辰의 노래'가 농사라는 것인데, 다 하늘의 기운에 맞춰 농사짓는다는 뜻이라고 보면 된다.

# Ⅱ. 모 기르기

## 1. 육묘 상토의 선택 및 준비

- 최근 농가에서 사용하고 있는 수도용 시판상토는 비료 성분이 포함되어 있기 때문에 유기재배에서는 사용할 수 없고 무농약 이하 단계에서 사용할 수 있다.
- 일반 흙을 이용하여 만든 상토는 채취한 장소에 따라 비료 잔류 성분 및 제초제, 기타 무기물질이 포함되어 있어 모의 성장이 불균일하거나 고사되는 장해가 발생할 수 있고 입고병균 등 병해 방지를 위한 별도의 상토 소독이 필요하므로 이를 보완하기 위하여 제올라이트, 훈탄 등 광물질 또는 유기물을 이용하여 인공상토를 만들어 사용한다.
- 현재 국내에서 수도용 상토로 유통되고 있는 시판 상토의 주재료는 황토, 제올라이트, 매트(피트모스와 천연펄프 섬유소) 등이다.
- 앞으로 유기농업에 사용할 수 있는 무화학비료상토가 나올 때까지는 직접 상토를 만들어 사용할 수밖에 없다.

### ✚ 유기농상토의 구비조건

- 물리성 측면에서 통기성, 보수성, 흡수력, 배수성 등이 적절하여야 하고, 화학성 면에서는 pH가 안정되고 적정범위를 유지해야 하며 양분의 균형이 맞아야 한다.
- 중금속, 유기산 등 생육에 저해적인 물질이 가급적 함유되어 있지

않아야 하고 병해충이 없고 잡초 종자가 혼입되어서는 안 되며 취급이 용이하도록 무게가 가벼우면 더욱 좋다.

## ✚ 유기농상토 재료의 선택

• 유기농상토의 재료로서 산적토, 규조토, 제올라이트, 왕겨 훈탄, 맥반석, 지렁이 분변토 등을 사용할 수 있다.

  - 각 재료별 특성을 고려하여 적절히 혼합하여 사용하는 것이 일반적이다. 각 재료별 특성을 살펴보면, 제올라이트는 전기전도도(CEC)가 47~144me/100g으로 높아 치환성염기 함량이 많아 묘상에서 안정적으로 양분을 공급할 수 있다.

  - 규조토는 비정질(非晶質)인 $SiO_2$가 대부분인 장석과 석영이 혼재되어 있는 광물로서 pH가 낮아 수도용 상토의 pH 조절제로 사용이 가능하다.

  - 맥반석은 통기성을 좋게 하기 위해 일부 쓰이기도 하지만, 화학적 및 광물학적 특성으로 보아 상토 재료로는 적절하지 않다.

  - 왕겨 훈탄은 쉽게 구할 수 있고 가벼워 다루기 쉬운 이점이 있는데 보통 훈탄과 산흙의 배합 비율을 50:50 정도로 하고, 바람에 날아가지 않도록 물에 잠기게 하여 보관한다.

  - 지렁이 분변토를 상토에 혼합하여 양분의 지속적 공급 효과를 기대하기도 하는데 지렁이 분변토의 혼합 비율은 5% 정도(질소 함량 1.7~2.5%)일 때 묘 생육에 다소 유리하다.

## 표 4. 상토재료의 물리적 특성

| 구 분 | 재 료 | 가비중 (g/ml) | 고상률 (%) | 공극률 (%) | 흡수율 (%) |
|---|---|---|---|---|---|
| 유기물 | 피트모스 | 0.12 | 12.3 | 87.7 | 616.9 |
| | 왕 겨 | 0.14 | 13.7 | 86.3 | 340.0 |
| | 훈 탄 | 0.12 | 16.3 | 83.7 | 182.3 |
| 무기물 | 버미큘라이트 | 0.33 | 23.3 | 76.7 | 217.8 |
| | 펄라이트 | 0.26 | 21.8 | 78.2 | 109.9 |
| | 제올라이트 | 0.88 | 38.4 | 61.6 | 64.6 |
| | 산적토 | 0.81 | 31.9 | 68.1 | 73.3 |

출처: 농촌진흥청

## 표 5. 상토재료의 화학성

| 구 분 | 재 료 | pH | EC | T-C | T-N | $P_2O_5$ | $K_2O$ | CEC |
|---|---|---|---|---|---|---|---|---|
| 유기물 | 피트모스 | 4.8 | 0.18 | 56.4 | 1.1 | 0.13 | 0.11 | 65–150 |
| | 왕 겨 | 7.0 | 0.06 | 51.0 | 0.9 | 0.27 | 4.5 | 19.0 |
| | 훈 탄 | 7.2 | 0.25 | 41.9 | 0.7 | 0.46 | 5.23 | 9–12 |

| 구 분 | 재 료 | pH | EC | $P_2O_5$ | K | Ca | Mg | CEC |
|---|---|---|---|---|---|---|---|---|
| 무기물 | 규조토 | 2.7 | – | – | 0.51 | 2.17 | 2.07 | 22.2 |
| | 버미큘라이트 | 7.7 | 0.10 | 12 | 0.61 | 1.40 | 0.7 | l19–22 |
| | 펄라이트 | 7.9 | 0.03 | 16 | 0.02 | 0.14 | 0.1 | 0.15 |
| | 제올라이트 | 8.5 | 0.31 | 14 | 1.18 | 3.18 | 0.9 | |
| | 산적토 | 7.0 | 0.07 | 14 | 0.08 | 1.75 | 0.8 | |

출처: 농촌진흥청

# 2. 자가상토 만들기

**✚ 재료의 준비**

- 상토를 만들기 위해서 먼저 재료를 준비한다. 토양 산도가 4.5~5.8 정도의 산흙 또는 논흙을 1개월 전에 채토하여 사용하되, 물빠짐과 통기성을 좋게 하기 위해서 왕겨훈탄, 마사토, 모래를 적당 비율로 섞는다.
  - 팽연왕겨나 부숙 팽연왕겨로 상토를 제조할 때는 왕겨를 60% 정도 사용하는 것이 좋으며, 팽연왕겨는 토양 산도가 높아 입고병 발생이 우려되므로 반드시 토양 산도를 교정하여 사용한다.
- 육묘 상토에서 토양 산도는 가장 중요한 조건으로 4~5 정도가 적당하나 6 이상이면 입고병과 뜸모의 발생이 많아지므로 반드시 토양 산도를 교정해 주어야 한다.
  - 벼와 병원균 모두 중성 정도의 토양 산도에서 잘 자라나 토양 산도가 5 이하로 내려가게 되면 벼는 어느 정도 견디며 자랄 수 있지만 병원균의 성장이 매우 억제되기 때문에 모판에서 발생하는 병을 예방하기 위한 조치이다.
  - 토양 산도가 너무 내려가면 모 뿌리의 발육이 억제되므로 적정 산도를 유지해 준다.
  - 토양 산도를 교정하기 위해서는 진한 황산 용액을 사용하거나 유황가루를 섞어주는 방법이 있는데, 유기재배에서는 황산 용액을 사용할 수 없으므로 유황가루를 사용한다.
  - 토양의 산도는 서서히 변화하고 유황가루가 종자에 직접 닿게 되면 해를 주기 때문에 반드시 상토를 사용하기 1개월 전에 섞

어준다.

- 유황가루를 섞은 후 1주일 간격으로 토양 산도를 점검하는 것이
바람직하다.

**✚ 상토의 거름 성분**

- 논이나 밭에서 채취한 흙에는 보통 모 기르는 동안 볍씨가 생육하
는 데 충분한 거름 성분을 가지고 있지 않다. 따라서 채취한 흙에
외부에서 유기질 거름을 보충해 주어야 하는데, 반드시 파종 1주일
전까지 고루 섞어 주어야 한다.

- 유기질 거름을 보충할 때에는 완전히 발효된 퇴비, 쌀겨나 아미노
산 액비, 유박, 깻묵액비, 지렁이 분변토 등을 이용하며, 왕겨 숯가
루, 재거름 등 칼리 성분을 보충해 주기도 한다. 유기질 성분을 넣
어줄 때에는 혼합 전에 완전히 발효시켜 섞어주거나 썩은 후에 완
전한 발효 과정을 거쳐야 하며 그렇지 않으면 모를 키우는 도중에
부패가 일어나거나 곰팡이가 피어 모 생육에 지장을 주고 병을 유
발할 수 있다.

- 상토용 퇴비는 보통 유기 축분퇴비나 유박, 쌀겨 등을 발효시켜 사
용하는데 제조 과정은 퇴적 후 고온발효가 되도록 하고 수분을 유
지하면서 온도가 떨어지면 주기적으로 뒤집기를 하여 주어 3개월
정도 후 완숙한 퇴비를 만들어 사용한다.

- 퇴비에 왕겨, 숯, 비지, 쌀겨, 생선찌꺼기, 목탄분말, 미생물, 누룩
등을 첨가하기도 하는데 무엇보다 부패되지 않도록 충분히 발효시
키는 것이 중요하다.

- 유기질비료는 비료의 효과가 빨리 나타나지 않아 모 생육이 지연

될 수 있는데 이에 대한 대책으로 비지 등 속효성 성분의 비율을 높이거나 액비를 사용할 수도 있다.

- 유기재배 육묘에서 냉해에 강한 모를 키우기 위해서 수중(Pool) 육묘법을 이용하는 경우도 있는데 이 방법은 바닥에 비닐을 깔고 싹이 밖으로 나온 모판을 올려놓은 뒤 7일 후 모판 위까지 물을 대주는 방법이다.
  - 수중육묘를 하려면 못자리 기간 동안 충분한 영양분이 상토 안에 있어야 하므로 상토를 만들 때 비료분을 감안하여 더 넣어준다.

### ✚ 일본 자연재배 농가의 육묘 상토 만드는 법(아키타현 이시야마 씨)

- 일본의 예술자연농법으로 벼농사를 짓는 농가에서는 자연의 섭리를 이용한 상토를 조제한다고 하며 모기르기가 벼농사의 절반을 차지하기 때문에 육묘용 상토를 만드는 데에도 정성을 기울인다.
- 육묘용 상토는 논흙과 함께 볏짚, 쌀겨를 섞어 발효시켜 만든다.
- 상토의 재료는 반드시 논농사의 부산물을 사용하는데 흙은 반드시 논흙을 사용해야 하며, 유기물도 볏짚 이외 밭에서 나는 작물의 부산물이나 축산 부산물을 사용해서는 안 된다.
  - 이는 본래 그 바탕에서 생산되는 것 이외에 별도로 투입하지 않는다는 자연재배의 원칙에 따른 것이다.
  - 볏짚도 수확기부터 2~3회 뒤집어 가면서 잘 말린 것을 사용한다.
- 먼저 수확기가 끝나면 논을 경운한 후 겨울 동안 논흙을 채취하는데 이때 벼 포기는 반드시 제거하고 준비하는 흙의 양은 육묘상자 100장당 250kg 정도 준비한다.
  - 채취한 흙은 로터리로 잘게 부순 뒤 비가림 시설 내에 보관한다.

- 볏짚은 콤바인으로 수확할 때 절단하지 않고 그대로 논바닥에서 말리고 겉면이 어느 정도 마르면 기계로 2~3회 뒤집어 가면서 바싹 말린 다음 겨울철에 거두어들여 비를 맞지 않게 보관한다.
  - 흙 1M/T당 완전히 말린 상태의 볏짚이 약 75kg 정도가 필요하다.
- 다음으로 누룩균을 준비하는데 누룩균은 시판되는 균을 사용하여도 되고 자연에서 채취해도 된다.
  - 자연에서 채취하는 방법은 가을철 이삭누룩병이 걸린 이삭에서 채취하는 방법과 따뜻한 주먹밥을 대나무밭의 낙엽 아래 두었다가 곰팡이가 완전히 슬게 될 때 채취하는 방법이 있다.
  - 대나무밭에 주먹밥을 놓아두면 처음에는 여러 가지 잡균이 번성하게 되나 마침내 누룩균이 우세균으로 변한다.
- 그다음으로 쌀겨를 1차 발효시키는데 쌀겨는 논흙 1M/T당 약 40kg을 준비한다.
  - 냄비에 약간의 쌀겨를 넣고 끓인 후 온도가 40℃ 정도까지 내려왔을 때 누룩균을 뿌려준다.
  - 균사가 3~4시간 후 냄비에 완전히 퍼지면 균을 채집하여 전체와 혼합한다.
  - 준비한 쌀겨와 냄비에서 채집한 누룩균을 혼합하여 수분을 유지하면서 발효시킨다.
  - 원래 쌀겨는 수분을 12% 정도 함유하고 있는데, 발효과정에서는 50% 정도로 맞추어 준다.
  - 이는 쌀겨를 손으로 쥐었을 때 잘 뭉쳐지는 정도인데 손가락 밖으로 물기가 약간 스며나오면 수분이 너무 많은 것이다. 발효과정은 보통 7일 정도 소요된다.
- 모든 재료가 준비되면 6월 말 또는 7월 초부터 재료를 혼합하고 발

효과정을 시작한다.

- 먼저 쌀겨의 1차 발효가 끝나면 준비된 논흙과 볏짚을 1:1의 부피 비율로 잘 혼합한 뒤 발효된 쌀겨를 다시 섞어준다.
- 논흙+볏짚 혼합물과 발효된 쌀겨를 혼합하고 수분을 50% 정도로 맞추어 주면 볏짚에 있던 낫토균이 활동을 시작하여 2차 발효가 시작된다.
- 이때 온도가 약 60℃까지 올라가게 되는데, 이 열로 인하여 상토 안에 들어 있는 잡초의 씨와 잡균이 사멸하게 되며 볏짚만 가지고 낫토균을 발효시키면 온도가 약 70~80℃까지 올라간다.
- 발효가 진행되는 동안 3일 간격으로 수분을 조사하여 보충해 주고 20일마다 산소 공급을 위하여 뒤집어준다. 낫토균 발효에 걸리는 기간은 약 2개월 정도이나, 외관상 흙 안에 거친 짚이 없어질 때까지이고 대체로 상토의 온도가 40℃로 내려갈 때까지 기간에 관계없이 발효시키는 것이 좋다.

• 낫토균 발효가 끝나면 마지막으로 유산균과 효모균을 섞어 발효를 계속 진행시킨다.

- 이때에도 상토의 수분을 50%로 유지하는 것이 중요하며 만약 60% 이상이 되면 부패균이 우세하게 되어 발효작용보다는 부패되기 쉬우므로 육묘할 때 모가 자라는 데 지장을 준다.
- 유산균 등이 혼합된 상토를 평편한 바닥에 넓게 펼쳐 주고 초기에는 3~4일 간격으로 뒤집기를 하고 마지막 단계에서는 15일에 한 번씩 뒤집어준다.
- 유산균 발효가 끝나면 볏짚이 완전히 분해되어 보통의 논흙만 있는 것처럼 보이며 유산균 발효까지 끝나게 되면 수분을 40% 정도로 유지하여 서늘한 그늘에 보관한다.

- 모든 발효과정은 창고 또는 비닐하우스 안에서 진행하는 것이 바람직하다.
  - 이는 비로 인하여 수분이 너무 많아지는 것을 예방할 수 있고, 추운 지방에서는 발효온도가 60℃ 이하로 낮아지는 것을 막아 주기 때문이다.
  - 발효의 성패는 재료의 혼합비가 중요하다.
  - 상토의 흙 발효가 없으면 병(키다리병, 입고병)과 잡초 발생이 많고 산도가 높아져 모가 잘 자라지 않는다.

### ✚ 육묘 상자와 상토의 준비 순서

- 자가상토를 사용하여 육묘를 할 때에는 잘록병 및 뜸모가 발생될 우려가 있으므로 반드시 주의해야 하며 병균 및 잡초의 혼입이 우려되는 경우에는 육묘상자와 상토를 85℃ 정도로 가열하여 살균시켜 사용한다.
  - 일반 마사토나 산흙으로 복토할 때에도 반드시 소독을 한 후 사용한다.
- 상토의 재료가 준비되었으면 상자에 상토를 다짐이 없도록 자연스럽게 담은 후 상자당 약 1L의 물을 2~3회 나누어 주어 수분을 약 60% 정도로 유지시킨다.

# 3. 파종

## ✚ 파종량

- 못자리에서 모가 튼튼하게 자라고 이앙할 때 포기당 심어지는 개체수를 알맞게 하기 위해서는 일반재배보다 파종량을 적게 해야 바람직하다.
- 중묘 및 성묘의 경우에는 상자당 80~100g(소립종 80g, 중립종 90g, 대립종은 100g)이 적당하다.
- 이는 상자당 3,500립의 종자가 파종되는 것으로서 균일하게 파종된 경우라면 이앙할 때 거의 결주가 없이 3~5개체가 심기게 된다.
- 어린모의 경우 일반재배에서는 상자당 220g의 종자를 파종하는 것이 적당한데 유기재배에서는 30% 정도 줄여서 파종하는 것이 바람직하다.
  - 농가의 관행을 조사해 보면 중묘는 상자당 200~300g, 어린모는 상자당 300~400g 정도로 파종량이 많은 것을 흔히 볼 수 있는데, 이는 농가에서 결주에 대한 우려와 포기당 개체수가 많아 큰 포기가 되어야 이삭수가 많아져 수량이 많을 것이라는 그릇된 관념 때문으로 해석된다.
- 파종량이 많아질수록 들뜸묘가 많이 발생하여 상자 내에서의 묘 생육이 불균일하고 성묘율이 떨어져 결주 발생이 많아지는 경우가 있고, 포기당 개체수가 많아 본답에서의 생육이 나빠지게 되므로 적정 파종량을 준수하는 것이 바람직하다.
- 파종량이 많아질수록 모 개체 간에 양분과 햇빛 다툼이 심하여 연약하게 자라게 되고 하위엽이 녹아들어가므로 육묘기간이 짧아질

수밖에 없고 따라서 성묘로 육묘하기에 어려움이 있다.

- 특히 벼 유기재배에서는 우선 모가 튼튼해야 하는데 파종량을 줄임으로써 가능해진다.
- 일부 농가에서는 포트 육묘를 하여 보다 튼튼하게 모를 키우고 있는데 이때 적정 파종량은 상자당 50~60g 정도가 적당하며 포트의 한 구멍당 3개 정도의 볍씨가 뿌려지는 것이 적당하다.

**✚ 파종과 복토**

- 씨뿌리기는 따뜻한 날에 하는 것이 좋고 맑은 날 상토를 담은 육묘상자를 평평한 지면에 놓아 온도를 올린 다음 충분하게 물을 뿌려주고 표면에 물기가 가신 후 볍씨를 뿌린다.
- 볍씨 뿌리기가 끝나면 바로 복토를 하고 복토는 소독된 마사, 산흙, 모래 등을 사용하고 상토를 다시 사용하여도 괜찮다.
- 복토를 한 후에 다시 상자에 물을 주어서는 안 된다.
- 복토의 두께는 뿌려진 종자가 보이지 않을 정도로 하는데 복토를 너무 얇거나 두껍게 하면 출아가 고르지 않고 들뜸묘가 발생하기 쉽고 이러한 전 과정을 파종기로 대체하면 편리하다.

## 4. 못자리 설치 및 관리

**✚ 중묘와 부직포 못자리**

- 중묘 기계이앙 육묘 시 부직포만 씌워 육묘하는 방법으로 이 방법

은 조기 이앙하는 경우에는 저온화 우려 때문에 적합하지 않고 6월 이앙을 위해 4월 하순부터 못자리를 설치하는 경우에 가능하다.

- 부직포는 2~3년간 재활용이 가능하며 비닐 통풍 등의 작업을 할 필요가 없어 육묘 노력과 비용을 절약할 수 있으며 고온 피해를 방지할 수도 있으나, 비닐보다 보온효과가 떨어져 조기 파종할 때 저온 피해와 평면으로 설치하므로 침관수 시 발아불량 등 피해가 우려된다.

- 못자리 설치시기는 모낼 시기를 정한 후 역산하여 결정하되, 1모작은 30~40일, 2모작은 25일을 기준하여 육묘한다.

- 모판 만들기는 모판은 바닥을 균평하게 고른 후 모판 배치방법에 따라 고랑을 깊게 만들어 배수가 잘되도록 하며, 부직포를 덮은 후 흙은 1m 간격으로 눌러주고 부직포 위에 흙을 너무 많이 눌러주면 모가 자랄 때 부직포가 들리지 않아 식상의 우려가 있으므로 주의한다.

- 모판 설치 후 고랑에 부직포를 덮고 물을 대주어 부직포가 고랑에 밀착되도록 하여 바람에 날리지 않도록 하고, 출아 전 비가 많이 와서 모판이 침수되면 입모가 불량해지므로 물고랑을 깊게 파서 배수하고, 모가 자람에 따라 부직포가 들리도록 해 준다. 또한 유묘기 때 저온이 오면 적고현상(赤枯現象)[2] 등 냉해가 우려되므로 그럴 경우에는 추가로 비닐을 덮어주어 보온해 준다.

- 부직포는 본잎 3매를 기준으로 벗겨주되 너무 일찍 벗기면 저온 및 서리피해가 우려되고, 2모작으로 육묘할 때는 너무 늦게 벗기면 고온장해를 받을 우려가 있으므로 지역별 기상을 감안하여 벗

---

2 잎이 적색으로 변하면서 마르는 현상이다. 벼의 경우, 생육기간 중 저온을 받으면 잎이 적색으로 변하면서 말라간다.

기는 시기를 조절해준다.

## ✚ 어린모 기르기

- 어린모는 파종 후 8~10일 정도 키운 모로 본잎이 약 2매, 뿌리는 5~6개 정도, 모 키가 8~10cm 정도 자란 모를 말한다. 어린모는 모낼 때 볍씨에 양분이 40~50% 남아 있어 이앙에 따른 몸살이 적고 착근이 빨리되어 초기 생육이 왕성하며, 저온 등 환경적응성이 강하고 침수될 때 소생 능력이 강한 특징을 나타낸다.
- 아랫마디부터 새끼치기가 시작하여 포기당 줄기수가 많아진다.
- 어린모는 파종량에 따라 뿌리의 매트형성 정도가 달라지므로 상자 당 알맞은 양을 파종하는 것이 중요하다.
- 어린모를 육묘하기 위해서는 어린모 전용 육묘상자를 사용하거나 일반 산파상자의 바닥에 종이나 비닐을 깔고 상토를 담은 후 파종 한다.
- 볍씨 파종 후에는 30~32℃의 어두운 곳에서 2~3일간 싹틔우기 를 실시한다.
- 싹틔우기가 끝난 상자는 따뜻한 비닐하우스 안에서 모 기르기를 하는데, 선반을 준비하여 선반육묘를 하거나 그냥 바닥에 지온차 단재를 깔고 치상하여 모를 기른다. 치상한 첫날에는 출아된 모가 직접 강한 햇볕을 쬐지 않도록 그늘을 만들어주어 백화묘 발생을 예방한다.
  - 1일 2회 정도 관수를 실시하여 상토가 마르지 않도록 하고 특히 선반육묘 시에는 치상 후 5일 정도에 아래 상자와 위 상자의 자 리바꿈을 실시한다.

- 어린모를 육묘할 때는 8~10일 후에 반드시 이앙을 하여야 하기 때문에 파종할 때부터 물량을 계획적으로 조절해야 한다.
  - 특히 대면적 재배 시에는 이앙기 보유대수와 1일 모낼 수 있는 능력을 감안하여 단계별로 파종함으로써 기계효율을 높일 수 있도록 한다.
- 어린모는 동일한 이앙기를 기준으로 할 때 출수기가 중묘에 비하여 늦어지므로 남부지방이라 하더라도 표고 250m 이하의 지역에서 적용하여야 하며 특히 특수 2모작 늦모내기와 산간지대에서는 어린모 기계이앙을 하지 않는 것이 바람직하다.

### ✚ 포트묘 기르기

- 못자리는 모내는 날을 미리 정하고 지역 실정을 감안하여 적기 내 못자리를 설치한다.
- 포트묘는 보통 40일 이상 육묘기간이 소요되므로 파종일은 이앙일을 역산한다.
- 단위 면적당 포기수를 확보하기 위하여 모내기 때 모가 부족하지 않도록 충분한 양의 상자모를 길러야 하는데 재식밀도에 따라 다르지만 10a당 약 45~50상자가 소요된다.
- 파종이 끝난 상자는 모판에 치상하는데, 상자가 놓일 모판의 땅고르기를 잘하여 모판 면과 상자가 잘 밀착되도록 하고 특히 포트상자는 반듯하지 않기 때문에 넓은 널빤지를 이용하여 못자리 치상 후 고루 눌러줘야 한다.
  - 치상할 때 상자와 터널 양측의 비닐과는 10cm 이상 거리를 유지하고, 모판 물도랑에 물대기는 모판 바닥 밑 2~3cm 정도로

유지한다.

- 육묘상자가 과습할 경우 매트형성이 불량해지므로 못자리 물관리에 더욱 세심한 관리가 필요하다.

# Ⅲ. 모내기

## 1. 알맞은 모내기 시기

- 남부지방에서 알맞은 모내는 시기는 일반재배와 마찬가지로 6월 초순인데 이때에 이앙하게 되면 중만생종의 경우 8월 20일경 이삭이 패기 시작하므로 벼알의 여뭄기간 동안 충분한 일사량과 일교차를 겪게 되어 미질이 좋은 쌀이 생산될 수 있다.
- 또한 대부분의 잡초가 5월까지 발아하여 생장하므로 5월 하순에 경운 정지작업을 통하여 매몰시켜 제거함으로써 자연스레 잡초 발생량을 줄일 수 있다.
- 일찍 모내기 할 경우는 육묘할 때 냉해를 받기 쉽고, 모내기 때 온도가 낮아 초기 생육지연이 우려되며, 영양생장기간이 길어 양분 및 물의 소모량이 많고, 후기 잡초 발생량이 많아 방제를 한 번 더 해야 한다.
  - 또한 일찍 새끼치기를 시작하여 줄기수가 많아지면서 헛새끼의 비율이 높아지고, 통풍이 잘 안 되어 병해충의 발생이 늘어나게 된다. 또한 고온기 등숙에 따른 양분소모가 많아져서 동할미가

늘어나고 미질이 떨어지며 벼물바구미 등 저온성 해충의 피해
가 많아지는 단점도 있다.

- 반면, 너무 늦게 모내기 할 경우 충분한 영양생장을 하지 못하여
벼알 수가 적고 수량이 줄어들게 되며, 심복백미의 발생률이 급격
히 높아져 미질이 떨어진다.

표 6. 지대별 이앙기 기준 및 최적 이앙 시기(중묘)

| 지 대 | 이앙적기 (월.일) | 최적 이앙시기(월.일) | | |
|---|---|---|---|---|
| | | 조생종 | 중생종 | 중만생종 |
| 차령남부평야지 | 5.25~6.15 | 6.14 | 6.4 | 5.25 |
| 노령산간지대 | 5.15~6.10 | 6.8 | 5.29 | 5.18 |
| 영남분지지대 | 5.20~6.15 | 6.11 | 6.2 | 5.22 |
| 영남남부지대 | 5.25~6.15 | 6.15 | 6.5 | 5.26 |
| 호남남부지대 | 5.25~6.20 | 6.18 | 6.8 | 5.29 |

출처: 농촌진흥청('01~'03)

## 2. 알맞은 모내기 방법

- 모를 심는 깊이는 2~3cm 정도가 가장 적당하며 이보다 얕게 심
으면 뜬모에 의한 결주가 많아지게 되고 깊게 심으면 새끼치기가
억제되어 이삭수 확보가 곤란해진다.
- 모를 심는 깊이는 이앙기의 식부 깊이 레버를 사용하여 조절한다.
- 어린모는 중묘에 비하여 키가 짧고 묘령이 1.5~2매의 작은 모를
심게 되므로 특히 논바닥이 균평하게 써레질을 해야 한다.

## ✚ 포기당 모수

- 중묘나 어린모를 이앙하는 경우 모두 한 포기에 3~5개의 모가 심어지도록 하는 것이 바람직하다.
- 포기당 모수가 줄어들게 되면 모 한 개체가 차지하는 공간이 넓어지게 되어 영양분과 햇빛을 고루 받아들일 뿐 아니라 새끼치기할 때 새끼 줄기가 빠져나오는 각도가 벌어지게 되어 줄기 사이가 뜨고 문고병(잎집무늬마름병)에 강하게 되며 줄기의 굵기가 굵어져서 큰 이삭이 만들어지고 쓰러짐에 강해진다.
- 특히 벼 유기재배에서는 화학농약을 사용하지 않기 때문에 포기당 모수를 줄여서 병충해가 근본적으로 발생하지 않게 해야 한다.
- 한 포기에 심어지는 모수를 조절하는 것 역시 이앙기의 식부량 조절 레버를 이용하여 조절할 수 있고, 근본적으로 모판 볍씨 파종할 때 파종량을 기준에 맞게 상자당 80~100g으로 줄여야 가능하다.

## ✚ 모 심는 재식밀도

- 일정한 면적에 심어지는 벼 포기수를 벼 심는 재식밀도라고 하며 이는 심어지는 줄 사이와 포기 사이를 조절함으로써 가능하다. 우리나라의 기계이앙기는 줄 사이가 모두 30cm로 고정되어 있어 이것을 조절할 방법은 없으나 일본에서 수입한 일부 산파 이앙기와 성묘 이앙기는 줄 사이가 33cm로 되어 있어 재식밀도를 결정하는 것은 포기 사이를 조절하는 방법으로 해야 하며 이앙기의 식부 거리 조절 레버를 이용하여 가능하다.
- 포기 사이 띄우기가 기계의 조절 범위를 넘어설 때에는 농기계 정비

소에서 식부침과 밀대를 조절하는 톱니를 교체함으로써 가능하다.

- 일반재배에서 적당한 재식밀도는 평야지의 일모작에서는 3.3㎡당 75주가 적당하고 이모작의 경우에는 85주가 알맞다.

- 간척지와 소득작물 후작과 같은 특수 이모작에서는 3.3㎡당 100주 정도로 늘리는 것이 이삭수 확보를 위해 바람직하다.

- 평야지와 일모작에서 너무 밀식하게 되면 벼의 생장이 더디고 본 답의 줄기 굵기가 가늘어지게 되어 쓰러짐에 약하게 자라며 생육 후기에 나오는 이삭이 작게 되어 결국 수량 감소의 영향을 받을 수 있다.

- 또한 품종에 따라 수수형 품종은 새끼치기가 잘되고, 수중형 품종은 새끼치기가 잘 안 되므로 이 점을 고려하여야 한다.

- 유기재배에 알맞은 재식밀도는 3.3㎡당 50~60주 정도가 적당한데 이는 포기 사이를 18cm~22cm로 심는 것이다.
  - '08년부터 '09년까지 2년간 호평벼를 재배하여 시험한 결과에서도 30×18cm(3.3㎡당 60주) 및 30×22cm(3.3㎡당 50주)의 재식밀도에서 수확량이 가장 많았으며 수량에 관한 이차곡선을 만들어 추정한 결과 30×18cm 재식밀도가 가장 좋은 것으로 나타났다.

- 포기 사이를 벌려 드물게 심을수록 한 포기의 이삭수와 한 이삭에 달리는 벼알 수가 많아졌으나 드물게 심은 탓에 단위 면적당 이삭 수는 오히려 줄어들었고 단위면적당 벼알 수는 큰 차이를 보이지 않았다.

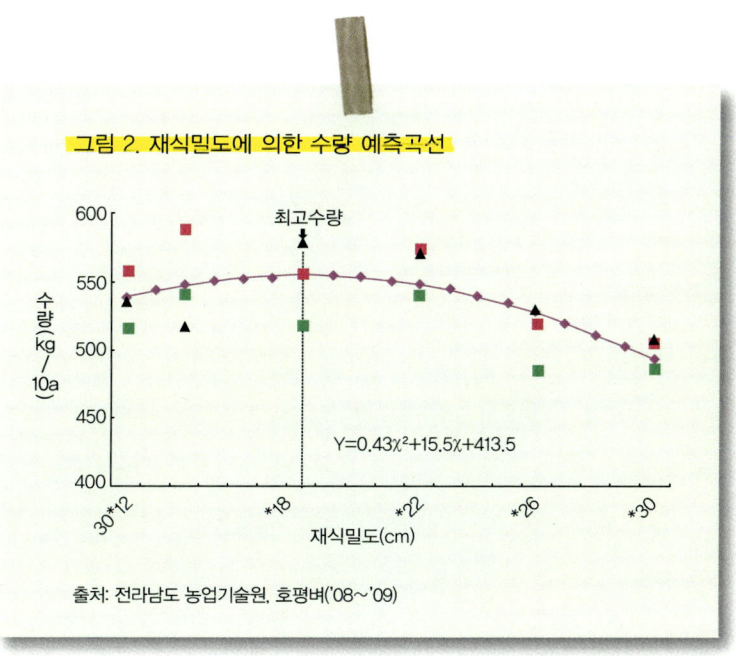

그림 2. 재식밀도에 의한 수량 예측곡선

$Y = 0.43\chi^2 + 15.5\chi + 413.5$

최고수량

수량(kg/10a)

재식밀도(cm)

출처: 전라남도 농업기술원, 호평벼('08~'09)

표 7. 재식밀도에 따른 수량구성요소와 쌀 수량

| 재식거리 (cm) | 출수기 (월.일) | 간장 (cm) | 수장 (cm) | 포기당 이삭수 (개) | ㎡당 이삭수 | 이삭당 벼알수 (개) | 등숙 비율 (%) | 현미 천립중 (g) | 정현비 (%) | 백미수량 (kg/10a) |
|---|---|---|---|---|---|---|---|---|---|---|
| 30x12 | 8.19 | 73 | 19 | 11.7 | 325 | 84 | 95.6 | 21.3 | 85.2 | 536 |
| 30x14 | 8.20 | 74 | 18 | 12.7 | 301 | 86 | 95.4 | 21.3 | 85.2 | 549 |
| 30x18 | 8.20 | 73 | 20 | 13.9 | 258 | 90 | 96.1 | 21.5 | 85.4 | 550 |
| 30x22 | 8.20 | 75 | 20 | 17.4 | 264 | 93 | 95.9 | 21.5 | 85.3 | 562 |
| 30x26 | 8.20 | 75 | 20 | 17.9 | 229 | 103 | 97.8 | 21.6 | 85.4 | 510 |
| 30x30 | 8.20 | 73 | 20 | 20.0 | 222 | 109 | 93.0 | 21.6 | 85.4 | 500 |

출처: 전라남도 농업기술원('08~'09)

# Ⅳ. 본답 물관리

## 1. 활착기의 물관리

- 이앙 후 1주일가량은 7~10cm 정도로 약간 깊게 대주는 것이 활착에 도움이 되고 이앙 후 새 뿌리가 나와 신장하기까지에는 수분 흡수량이 적으나 지상부인 잎과 줄기에서의 증산량은 많아 이와 같은 상태가 계속되면 벼는 잎이 마를 수밖에 없다.
- 그러므로 이앙 후 하루라도 빨리 활착하여 자립하도록 하기 위해서는 잎과 줄기로부터의 수분증산을 억제하도록 물을 깊이 대어주고, 새 뿌리가 발생하고 새 잎이 출현하게 되면 곧 물을 얕게 대는 일이 중요하다.
- 또한 활착 전 뿌리 뻗음이 불충분한 시기에는 바람에 의해 모가 동요되어 쓰러지기 쉬운데, 물을 깊이 대면 잎의 흔들림이 적어지고 저온기에 활착을 촉진한다.
- 초기에 물을 깊게 대어주는 것은 잡초 종자의 발아를 억제하는 효과가 있다. 또한 왕우렁이를 이용하여 잡초방제를 하고자 하는 경우에도 흙이 노출되어 왕우렁이가 잡초를 먹어치우지 못하는 경우를 예방할 수 있다.

## 2. 새끼치는 시기의 물관리

- 일반재배에서는 이앙 후 14일 경부터 35일까지는 활착이 끝나고 벼는 곧 새끼치기에 들어가므로 2~3cm로 얇게 관리하는 것이 새끼치기에 도움이 되나 피 등 잡초를 억제하기 위해서는 논 표면이 노출되지 않도록 이보다 약간 깊게 대주는 것이 좋다.
- 유기재배에서는 벼에 피해가 가지 않는 범위에서 가급적 깊게 대주는 것이 좋다.
- 물을 깊게 대면 분얼이 억제되어 참새끼치기가 끝난 후의 헛새끼를 치는 것을 예방할 수 있고, 새끼치기를 할 때 새로 나오는 줄기가 원줄기와 벌어져서 나오기 때문에 포기가 V자 형으로 벌어져서 통풍이 잘되고 햇빛이 벼 포기의 아래 부위까지 비치기 때문에 문고병 등의 발생이 적다.

## 3. 중간 물떼기

- 본답에서 중간 물떼기는 지나치기 쉬운 사항이나 고품질 안전재배를 위해서는 반드시 실천해야 할 과제인데 중간 물떼기는 모내기 이후 논에 물을 담아둠으로써 발생되는 논 토양의 환원현상(논토양의 토층분화)을 해소하여 비료의 효과를 높이고 새로운 뿌리의 발생을 많게 하여 벼의 후기 생육을 양호하게 하며 쓰러짐에 강하게 하는 효과가 있다.
- 그러나 염해논과 물빠짐이 심한 모래논에서는 중간 물떼기를 반드시 실시할 필요는 없다.

- 적기에 이앙하는 기계이앙 논에서는 유효분얼 한계기가 이앙 후 25일경이 되므로 그 이후에(헛새끼칠 때) 논에 실금이 갈 정도로 중간 물떼기를 최소한 1회 이상 반드시 실시해야 하며, 담수직파 논에서는 담수 후 30일부터, 건답직파 논에서는 담수 후 20일부터 10일 간격으로 2~3회 실시해야 한다.

### 표 8. 생육단계별 물관리 방법

| 생육시기 | 물대는 요령 | 물 깊이(cm) | 효 과 |
|---|---|---|---|
| 이앙기 | 얕게 댈 것 | 2~3 | 모를 얕게 심어 모도복 경감 |
| 활착기 | 깊게 댈 것 | 7~10 | 활착 촉진 |
| 분얼 성기 | 깊게 댈 것 | 10 | 헛새끼치기 억제 |
| 헛새끼치는 시기 | 중간 물떼기 (5~10일간) (출수 전 40~30일) | 0 | 헛새끼치기 억제, 유해물질 제거, 도복방지 |
| 수잉기 | 물 걸러대기 (출수 전 30일~출수기) | 2~4 | 뿌리기능 촉진, 유해물질 제거 촉진 |
| 출수기 | 보통으로 댈 것 | 3~4 | 꽃가루받이 촉진 |
| 등숙기 | 물 걸러대기 (3일 관수, 2일 배수) | 2~3 | 등숙양호, 뿌리기능 유지, 유해물질 제거 |
| 낙수기 | 완전 물떼기 (출수 30~35일 전후) | 0 | 품질 양호, 농작업 편리 |

## 4. 수잉기 전·후의 물관리

- 이삭이 만들어지는 시기에는 벼의 일생을 통해서 가장 많은 물을 필요로 하는 시기로 이 시기는 잎의 면적이 가장 넓고 기온이 높아 증발산량이 가장 많으므로 충분한 물을 공급하여야 한다.
  - 이 시기에 물이 부족하게 되면 어린 이삭의 발육이 저해되고 이삭꽃의 퇴화가 증가하고 또한 이 시기는 뿌리의 노화가 촉진되

는 시기이므로 계속 깊이 담수하는 것보다는 물 걸러대기를 실시하여 뿌리로의 산소 공급을 도와주는 것이 좋다.

－ 그러나 기온이 낮아져서 냉해가 우려될 정도가 되면 정상적인 꽃가루가 만들어지지 못하여 불임이 되는 벼알이 많아지므로 이를 방지하기 위해서 15cm 정도의 깊은 관개를 하도록 한다.

## 5. 출수기 전·후의 물관리

- 수잉기에 이어서 출수기 전·후에도 충분한 물의 공급이 필요하며 특히 출수개화기에는 꽃물(화수; Irrigation at Flowering Stage)이라고 해서 담수의 중요성이 강조된다.

- 벼가 개화 수정해서 완전미가 되는 데에는 약 35일이 걸리지만, 이 등숙기간 중에는 잎에서 생성된 동화전분이나 식물체의 저장전분을 이삭으로 전류·축적시키는 쌀 생산에 중요한 생리작용을 활발하게 하는 시기로 물이 매개 역할을 한다.

- 그러나 이 시기가 되면 뿌리의 활력과 기능이 급격히 저하되는 시기이므로 뿌리로의 산소 공급을 위하여 얕게 대거나 2~3일 간격으로 물 걸러대기를 하는 것이 바람직하다.

- 증산량이 감소하고 수면도 경엽(식물체의 잎과 줄기)으로 덮어 수면증발량도 적으므로 적은 관개수로도 충분하다.

## 6. 완전 물떼기

- 출수 후 30~35일경이 적당하다. 최근 콤바인 수확을 위하여 지나치게 빨리 완전 물떼기를 하는 경우가 많은데 이는 벼알의 여묾이 완전하지 않아 수량에 나쁜 영향을 준다. 아울러 동할미, 아밀로오스 및 단백질 함량의 증가, 지방 및 무기물 함량의 감소와 Mg/K 당량비 감소 등으로 나타나 미질에 좋지 않은 영향을 미친다.

- 쌀알의 발육과정으로 본 완전 물떼기의 적기는 남부 평야지의 만생종의 경우에는 출수 후 30~35일경이나 이것은 하나의 기준일 뿐이고, 품종, 등숙상태, 재배법, 기상, 재배지의 토양 조건, 병충해의 발생상황 등을 참작하여 낙수시기를 정한다.

- 일반적으로 배수가 나쁜 습답은 기준일보다 일찍 물떼기 하고, 누수가 심한 사질답이나 건조하기 쉬운 논의 경우는 물떼기 후 급속히 논이 마르지 않도록 물떼기 후에도 3~4일 간격으로 한 번씩 약간의 물을 관수해서 논바닥이 서서히 마르도록 하고 또한 목·이삭가지도열병이나 균핵병이 발생한 우려가 있는 논은 물떼기를 약간 늦추어 주는 것이 좋다.

- 물떼기가 적기보다 빠르면 1, 2차 지경의 쌀알이 충실하지 못하고 금이 간 쌀이나 싸라기, 사미 등이 증가하고, 낙수시기가 늦어지면 청미가 증가하고 도복에 약해진다.

**Part 05**

•

병해충 관리

# Ⅰ. 주요 병해

- **곰팡이병**: 도열병, 잎집무늬마름병, 키다리병, 깨씨무늬병, 이삭누룩병, 갈색잎마름병, 이삭마름병 등
- **세균병**: 흰잎마름병, 세균성벼알마름병, 세균성줄무늬병, 내영갈변병 등
- **바이러스병**: 줄무늬잎마름병, 검은줄오갈병, 오갈병 등

# Ⅱ. 병해관리기술

## 1. 도열병(稻熱病)

- 병든 볏짚이나 종자, 잡초에서 월동하여 벼에 침입한다.
- 잦은 강우, 일조 부족, 여름철 저온, 대기 중 높은 습도 및 장시간 이슬이 마르지 않고 다습한 날씨가 지속될 경우 발생이 심해진다.
- 질소질비료를 너무 많이 주거나 이병성 품종을 늦게 이앙할 때 주의해야 한다.
- 이앙기와 도열병 발생은 밀접한 관계가 있어 이앙기가 지연될수록 발병률이 증가한다.

그림 1. 벼 도열병 증상

잎도열병(급성형)

잎도열병(만성형)

이삭도열병

목도열병

## ✚ 병징

- 모도열병은 파종 후 10일 전후에 감염된 벼 종자를 사용할 때 발생되며 유묘가 황갈색으로 변하여 말라 죽는다.
- 잎도열병은 주로 이앙 직후부터 잎을 침해하고 분얼기에 심하게 발생하며, 담암갈색에서 회백색의 (장)방추형 작은 반점 병반을 띠며 결국에는 잎 전체가 갈변하여 말라 죽는다.
- 이삭도열병은 양분과 수분공급이 차단되어 이삭이 수정되지 않고 백수가 된다.
- 목도열병이 일찍 발생하면 낟알의 속이 비어 이삭이 꼿꼿이 서며, 늦게 발생하면 낟알은 부분적으로 속이 차며 이삭목이 부러진다.

## ✚ 방제

- 저항성 품종을 재배하며 질소질 비료 사용을 최소화한다.
- 조식재배, 만기이앙과 밀식을 지양하며 통풍이 잘되도록 한다.
- 냉수온탕, 온탕침법 또는 친환경농자재 이용하여 종자소독을 철저히 한다.
- 피해 입은 볏짚을 논둑이나 논바닥에 퇴적하지 않도록 유의하며, 퇴비 재료로 사용할 경우 충분히 부숙시켜 쓴다.
- 황련 뿌리(한약제) 추출액이나 보르도액 등을 살포하여 방제한다.
  - 황련 뿌리 추출액의 제조: 황련 뿌리 160~200g을 아주 잘게 쪼갠 후 70% 에탄올 1L에 넣고 10~14일간 담그거나 물에 넣고 80~120℃에서 2~5시간 추출한 후에 고형물을 제거하고 밀봉하였다가 사용한다.
  - 이삭도열병 방제는 보르도액과 황련 뿌리 추출물 100배액을 교호살포한다.
- 벼 품종 혼합재배에 의한 도열병 방제: 감수성(호평벼)과 저항성품종(남평벼)을 혼합재배하여 발병률을 줄이며 3년 주기로 재배하면 안정적인 방제효과를 얻을 수 있다.

● 벼의 병해는 예방이 최선이며 녹비작물 재배와 재식거리를 넓혀 주고 온탕침지에 의해 종자 소독을 철저히 하여 병해 발생을 줄여야 친환경농업을 성공할 수 있다.

표 1. 황련 추출액 살포 횟수별 잎도열병 포장검정효과 (단위: %)

| 추출식물 | 희석 농도 | 병반 면적률 | | 방제가 | |
|---|---|---|---|---|---|
| | | 1회 살포 | 3회 살포 | 1회 살포 | 3회 살포 |
| 황 련 | 100배 | 50 | 20 | 33.3 | 73.3 |

출처: 전라남도 농업기술원('08)

## 표 2. 황산구리와 생석회 비율에 따른 석회보르도액 제조

| 제조 비율 | 물 100L | |
| --- | --- | --- |
| | 황산구리(CuSO₄ · 5H₂O) | 생석회(CaO) |
| 4-8식 | 400g | 800g |
| 4-14식 | 400g | 1,400g |
| 6-6식 | 600g | 600g |

출처: 전라남도 농업기술원('07)

## 표 3. 보르도액과 황련 뿌리 추출액 처리시기별 이삭도열병 방제

| 처 리 | 10일 전 | 출수기 | 출수 후 15일 | 출수일 30일 |
| --- | --- | --- | --- | --- |
| 1 | 보르도액 | – | 황 련 | – |
| 2 | 보르도액 | – | – | 황 련 |
| 3 | – | 보르도액 | – | 황 련 |

출처: 전라남도 농업기술원('08)

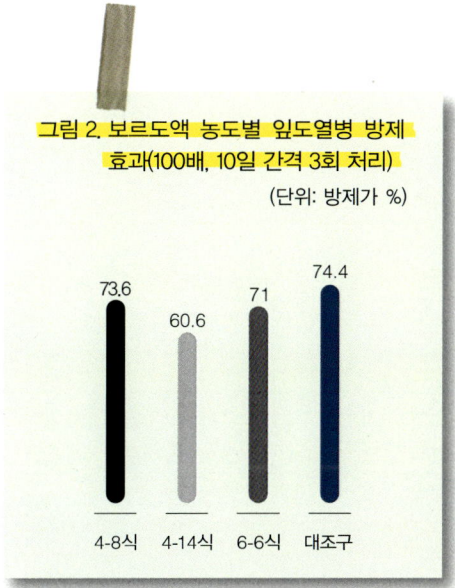

그림 2. 보르도액 농도별 잎도열병 방제 효과(100배, 10일 간격 3회 처리)
(단위: 방제가 %)

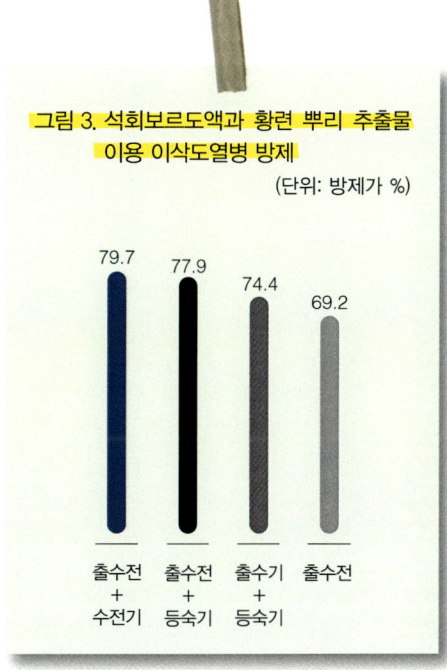

그림 3. 석회보르도액과 황련 뿌리 추출물 이용 이삭도열병 방제
(단위: 방제가 %)

# 2. 잎집무늬마름병 (문고병, 紋枯病)

- 초여름부터 발생하며 발병최성기는 고온 다습한 8월 상·중순에 개화·결실하는 시기에 주로 발생한다.
- 균핵으로 주로 지표면에서 월동하여 이듬해 봄에 물을 채우고 경운 시에 수면에 떠올라 엽초에 부착해 감염시킨다.
- 조생종이나 조기이앙하여 생육후기 고온이 지속될 경우 발생이 심하다.
- 밀식으로 주내 습도의 상승으로 접촉전염의 기회가 증가한다.
- 질소질비료 과용과 칼리부족으로 내병성이 약화된다.

## ✚ 병징

- 잎집 표면에 회록색 또는 암회색의 원형 및 부정형 병반이 생긴다.
- 심하면 회백색이 되면서 가장자리가 담갈색을 띠며 1~2cm의 검은 균핵을 형성한다.

그림 4. 벼 잎집무늬마름병 증상

표 4. 품종별 병 발생 정도에 따른 저항성 평가

| 품종명 | 병 발생 정도 | | | | | 품종명 | 병 발생 정도 | | | | |
|---|---|---|---|---|---|---|---|---|---|---|---|
| | 유묘검정 | 발병주율 | 발병경률 | 병반고율 | 저항성정도 | | 유묘검정 | 발병주율 | 발병경률 | 병반고율 | 저항성정도 |
| 흑진주벼 | **** | **** | **** | *** | S | 종남벼 | * | *** | *** | ** | M |
| 적진주벼 | **** | **** | **** | **** | S | 만월벼 | * | ** | *** | ** | M |
| 태봉벼 | *** | **** | **** | **** | S | 호진벼 | *** | ** | *** | ** | M |
| 운두벼 | *** | **** | **** | **** | S | 주남벼 | *** | * | * | * | M |
| 중산벼 | *** | **** | **** | *** | S | 수진벼 | ** | *** | *** | *** | M |
| 화동벼 | **** | ** | ** | ** | S | 화명벼 | *** | *** | **** | ** | M |
| 새추청벼 | ** | **** | *** | *** | S | 백진주벼 | ** | *** | *** | ** | M |
| 석정벼 | ** | *** | **** | ** | S | 농호벼 | ** | *** | ** | *** | M |
| 인월벼 | ** | **** | **** | *** | S | 고아미벼 | ** | *** | *** | ** | M |
| 만추벼 | ** | *** | **** | *** | S | 영안벼 | ** | *** | ** | ** | M |
| 진봉벼 | *** | **** | **** | *** | S | 동진1호 | ** | * | * | * | R |
| 수라벼 | *** | ** | ** | ** | M | 동진찰벼 | ** | * | * | ** | R |
| 문장벼 | *** | ** | *** | ** | M | 소비벼 | ** | * | * | * | R |
| 화안벼 | ** | ** | ** | ** | M | 신동진벼 | ** | * | ** | ** | R |
| 안성벼 | *** | ** | ** | ** | M | 아름벼 | ** | * | * | * | R |
| 호안벼 | *** | *** | ** | ** | M | 삼평벼 | ** | * | * | * | R |

*: 소, **: 중, ***: 다, ****: 심; S: 병에 약함, M: 중 정도, R: 병에 강함

## 3. 흰잎마름병(백엽고병, 白葉枯病)

- 세균에 의한 병으로 벼잎에 발생한다.
- 온난화 영향으로 초기 발병시기가 매년 앞당겨지고 대면적으로 발생하고 있다.
- 기온이 높고 강우량이 많은 8~9월경 출수기 전후에 발생하지만 상습 발병지나 발생이 심한 해는 이앙기 전후에 발생하기도 한다.

- 침수답이나 풍수해 피해지역, 폭풍우가 내습한 다음 심하게 발생하며 피해가 심할 경우 20~30%의 수량감소를 가져온다.
- 질소질비료의 과용과 감수성 품종을 재배 시 발생한다.

## ✚ 병징

- 묘판이나 이앙직후에는 수침상 병반이 생기며, 잎 전체가 말리고 오그라져 말라 죽으나 병반이 거의 눈에 띄지 않는다.
- 출수기 전후에 잎에 발생하며 처음에는 잎의 선단부나 가장자리에 황록색 수침상 병반이 생기고 줄무늬를 이룬다.
- 심하면 회백색으로 말라 죽게 되며, 태풍이나 침수지에서 병징이 급격히 나타난다.
- 흰잎마름병과 갈색잎마름병의 증상이 비슷하므로 정확한 병징의 구분이 필요하다.

그림 5. 흰잎마름병 증상

흰잎마름병

본답에서 흰잎마름병 발생

출처: 농촌진흥청('08)

## ✚ 방제

- 종자전염도 가능하므로 볍씨 소독을 철저히 하고 건전 종자의 채종, 염수선(비중 1.13), 온탕침법(60℃에서 10분간 또는 65℃에서 7분간 처리) 및 건열처리(40℃에서 2일) 한다.
- 유기물을 시용하고 질소질비료의 과용을 금한다.
- 병원균의 월동처인 논둑 및 수로의 잡초를 제거하고 배수로정비를 철저히 한다.
- 병에 강한 품종을 재배하는데 삼광벼, 운미벼, 호품벼, 해찬물결, 새누리, 보라미, 황금누리, 황금노들, 진백벼 등이 포장에서 병에 강한 품종으로 나타났다.
- 작업할 때 기계적인 상처가 생기지 않도록 주의하면서 벼 수확 후 11월 중 경운작업을 실시하여 월동 병원균의 밀도를 줄여 병 발생을 줄인다.

### 표 5. 주요품종 검정방법별 저항성 반응

| 품종명 | 포장접종 | | 검정방법별(K3) | |
|---|---|---|---|---|
| | 진성저항성(cm) | 전염된 거리(m) | 2차 감염(%) | 2차 전염(%) |
| 밀양23호 | 26.4 | 5.7 | 90.5 | 90.5 |
| 청안벼 | 13.9 | 4.8 | 81.0 | 60.0 |
| 삼광벼 | 1.5 | 1.2 | 2.4 | 6.2 |
| 운미벼 | 0.5 | 1.2 | 6.2 | 4.3 |
| 호품벼 | 0 | 1.5 | 2.4 | 1.4 |
| 해찬물결 | 0 | 0.9 | 8.6 | 3.3 |
| 새누리 | 0 | 0 | 0 | 0 |
| 보라미 | 0 | 0 | 3.8 | 1.9 |
| 황금누리 | 0 | 0 | 1.0 | 0 |
| 황금노들 | 0 | 0 | 0.5 | 0 |
| LSD(5%) | 1.1 | 1.7 | 3.3 | 2.4 |

출처: 농촌진흥청('08)

표 6. 경운방법에 따른 벼 흰잎마름병 발병 정도

| 구 분 | 발병 정도(%) | | | | 유의차 DMRT | 방제가 (%) |
|---|---|---|---|---|---|---|
| | I 반복 | II 반복 | III 반복 | 평균 | | |
| 가을갈이 | 2.4 | 1.9 | 2.9 | 2.4 | b | 71.8 |
| 무경운 | 9.5 | 9.0 | 7.1 | 8.5 | a | - |

※ 가을갈이: 전년 11월 10일; 추경 깊이: 18cm; 가을갈이 초발병일: 7월 28일; 무경운 초발병일: 8월 7일
출처: 농촌진흥청('08)

## 4. 줄무늬잎마름병(호엽고병, 縞葉枯病)

- 논둑의 잡초, 밀밭, 보리밭 등에서 애멸구가 월동하고 봄에 못자리에 날아와 병원바이러스를 매개하여 전염시킨다.
- 이앙 후에 발생하며, 특히 분얼기에 많이 발생한다.
- 파종기나 이앙기가 빠르거나 파종량이 많을 때, 질소질비료 과용 시 발생이 심하다.
- 최근 중국으로부터 5월 하순~6월 상순에 대량으로 날아와 바이러스병을 옮겨 피해를 주는 것으로 밝혀졌다.

### ✚ 병징

- 잎에 노란줄무늬가 상하로 나타나며, 새잎이 나올 때 잎이 벌어지지 않고 종이마름과 같이 돌돌 말린 채로 비틀리며 활모양으로 늘어지고 말라 죽는다.
- 수잉기에 발생하면 잎에 황백색 줄무늬만 나타나고 말라 죽지 않으며, 키가 작고 분얼이 적어 충실한 벼알을 맺지 않는다.

## ✚ 방제

- 바이러스를 옮기는 애멸구를 방제하여야 하며, 이앙 시 육묘상자 처리와 비래초기에 경엽처리제를 살포한다.
- 이앙시기를 늦추고 발생상습지에서는 조생종은 주남조생, 중생종은 화영벼, 삼덕벼, 화성벼, 중만생종은 호품벼, 황금누리, 새누리, 온누리벼, 황금노들, 동진2호, 평안벼, 신동진, 주남벼, 남평벼, 일미벼, 삼광벼, 동안벼, 대안벼 등의 병에 강한 품종을 재배한다.

그림 6. 줄무늬잎마름병 증상

줄무늬잎마름병                     줄무늬잎마름병 발생포장

118

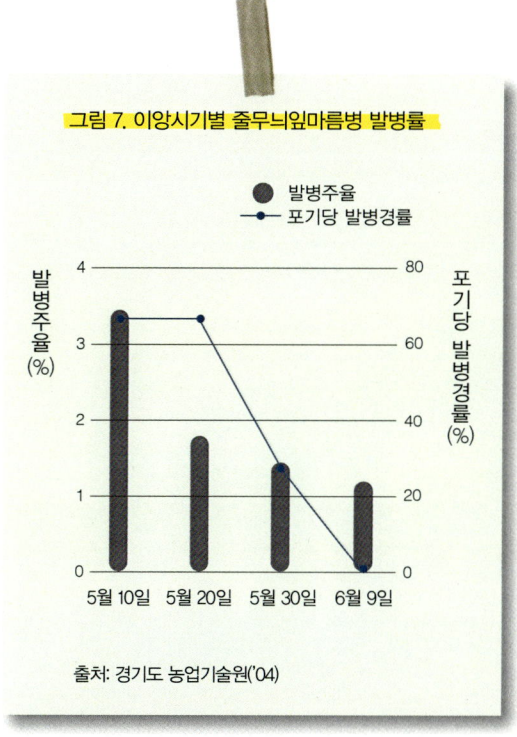

그림 7. 이앙시기별 줄무늬잎마름병 발병률

● 발병주율
── 포기당 발병경률

출처: 경기도 농업기술원('04)

## 5. 키다리병(마록묘병, 馬鹿苗病)

- 종자전염하며 주로 개화기에 비산한 병원균의 분생포자가 볍씨 속에 침입하거나 종자표면에 붙어서 월동한다.
- 유묘기부터 출수기까지 계속 발생한다.
- 고온에서 육묘하거나 조식재배와 종자소독을 소홀히 하면 발병이 심해진다.

## ✚ 병징

- 도장, 위축, 이상신장, 생육정지 등의 현상이 나타난다.
- 잎이 담록색을 띠고 가늘게 자라며 마디 사이가 이상 신장한다.
- 성장한 벼는 분얼이 적고 마디는 담갈색으로 변하며 위쪽마디에서 가근이 나온다.

그림 8. 키다리병 증상

키다리병(생육 초기)

키다리병(생육 후기)

키다리병 발생포장

## ✚ 방제

- 건전한 종자를 채종하며 염수선과 종자소독을 철저히 한다.
- 못자리나 본답초기에 병든 식물은 조기에 제거한다.
- 병에 강한 품종을 재배하며 남평벼, 동진1호, 만금벼 등이 있다.
- 온탕소독(60℃, 10분) 후 찬물에 담가 상온에서 침종상태 유지 (10~25℃)하며, 침종을 2~3일 간격으로 깨끗한 물로 교체하고 침종 상태에 볍씨 싹틔우기를 하고 파종 직후 바로 못자리에 치상한다.

### 표 7. 벼 키다리병에 대한 포장에서의 저항성 검정

| 저항성 정도 | 발병주율(%) | | | | |
|---|---|---|---|---|---|
| | 병에 강함 | 중도저항성 | | 중도감수성 | | 병에 약함 |
| 품종명 | 남평벼<br>동진1호<br>농호벼<br>화신벼<br>만금벼 | 일품벼<br>새추청벼<br>추청벼<br>화동벼<br>대안벼<br>동진찰벼<br>새계화벼<br>금호벼2호<br>화삼벼<br>수진벼<br>남강벼 | 화남벼<br>삼천벼<br>계화벼<br>호안벼<br>간척벼<br>신선찰벼<br>서진벼<br>서안벼<br>대진벼<br>광안벼<br>금오벼 | 주남벼<br>오대벼<br>화영벼<br>화성벼<br>화봉벼<br>동안벼<br>수라벼<br>중화벼<br>태봉벼<br>상미벼 | 대산벼<br>금남벼<br>동진벼<br>상주벼<br>문장벼<br>그루벼<br>내풍벼<br>원황벼<br>상주찰벼 | 일미벼 |

출처: 농촌진흥청('04)

### 표 8. 온탕소독 후 저온육묘에 의한 키다리병 발생억제

| 육묘<br>온도관리 | 파종량<br>(g/모판) | 발병묘율(%) | 본답누적 발병주율(%) | |
|---|---|---|---|---|
| | | | 7월 21일 | 9월 4일 |
| 고 온 | 130 | 3.0 | 17.1 | 55.0 |
| 저 온 | 130 | 0.1 | 7.5 | 27.9 |

출처: 농촌진흥청('08)

# 6. 깨씨무늬병

- 사질토나 누수답, 노후화답에서 영양분이 부족할 때 발생한다.
- 발아직후부터 수확기까지 발생하며 모, 잎, 이삭, 목, 볍씨에 발생한다.
- 종자나 짚에서 월동한다.

## ✚ 병징

- 잎에 농갈색의 타원형 병반이 생긴다.
- 모에 발생하면 모가 갈변하여 말라죽고 심하면 이삭목에 발생하여 갈변한다.
- 볍씨에 발생하면 표면에 갈색의 작은 반점이 생긴다.

**그림 9. 깨씨무늬병 증상**

깨씨무늬병

깨씨무늬병 발생포장

## ✚ 방제

- 종자소독을 철저히 한다.
- 3요소 균형시비를 하고, 특히 칼리와 규산질 비료를 충분히 준다.
- 유기물 투입과 배수 등으로 토양의 이화학적 성질을 개량하고 지력을 증진시켜준다.
- 모내기 후 남은 모를 포장주변에서 제거하여 병원균 전염원을 차단한다.
- 이앙시기가 빠를수록 발생률이 높다.

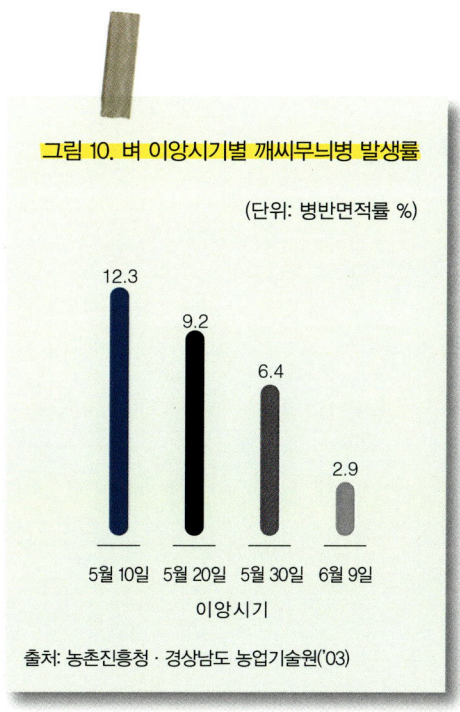

그림 10. 벼 이앙시기별 깨씨무늬병 발생률

(단위: 병반면적률 %)

| 5월 10일 | 5월 20일 | 5월 30일 | 6월 9일 |
|---|---|---|---|
| 12.3 | 9.2 | 6.4 | 2.9 |

이앙시기

출처: 농촌진흥청 · 경상남도 농업기술원('03)

## 7. 벼오갈병(위축병, 萎縮病)

- 번개매미충과 끝동매미충에 의해 전염되며, 보독충은 논둑 잡초, 밀밭, 보리밭, 자운영밭 등에서 유충 또는 성충으로 월동하여 못자리로 이동하여 병원바이러스를 매개한다.
- 못자리 말기보다 모내기 후 많이 발생된다.

### ✚ 병징

- 잎은 농녹색을 띠며 엽맥을 따라 노란점이 세로로 나타난다.
- 벼 생육이 위축되고 분얼이 많아지며 출수되어도 이삭이 충실하지 못하다.

그림 11. 벼오갈병 증상

**✚ 방제**

- 매개곤충인 번개매미충과 끝동매미충을 방제한다.
- 논주변의 잡초를 제거한다.
- 저항성품종을 재배하고 조파나 만파를 피한다.

# Ⅲ. 주요 해충

벼를 가해하는 해충은 총 140종으로 노린재목 14종, 나비목 28종, 딱정벌레목 16종, 파리목 7종 등이며, 방제대상이 되는 해충은 20종 정도이다.

**표 9. 벼 주요 해충의 가해양상에 따른 구분**

| 가해 양상 | 해 충 명 |
| --- | --- |
| 잎 가해 | 혹명나방, 벼애나방, 멸강나방, 줄점팔랑나비, 벼잎벌레, 벼물바구미성충, 벼잎물가파리, 벼줄기굴파리(1화기), 벼잎선충 |
| 줄기 가해 | 이화명나방, 벼밤나방 |
| 줄기 흡즙 | 벼멸구, 흰등멸구, 애멸구, 끝동매미충, 먹노린재 |
| 이삭 가해 | 벼줄기굴파리(2화기), 끝동매미충, 노린재류(먹노린재, 흑다리긴노린재, 가시점둥글노린재 등), 벼잎선충 |
| 뿌리 가해 | 벼뿌리바구미, 벼물바구미유충 |
| 바이러스 매개 | 애멸구, 끝동매미충 |

# Ⅳ. 충해관리기술

## 1. 벼멸구 (*Nilaparvata lugens Stal*)

- 벼멸구는 우리나라에서 월동하지 못하고 매년 중국 남부로부터 6~7월 사이에 저기압의 남서기류를 타고 이동해 오는 것으로 추정된다.
    - 이 기간에 우리나라 남부 해안지방을 통과하는 저기압의 반수 이상이 벼멸구의 비래를 수반한다.
- 성충은 날개가 긴 장시형(長翅型)과 날개가 짧은 단시형(短翅型)이 있으며, 비래 세대는 모두 장시형이고 1세대 증식한 후에는 대부분 단시형이다.
    - 단시형은 날 수 없으므로 인접한 벼 포기에서 증식 및 흡즙을 계속함으로써, 벼논에 핵을 형성하고 집중적인 피해를 입힌다.

그림 12. 벼멸구 비래와 밀도증가 모식도

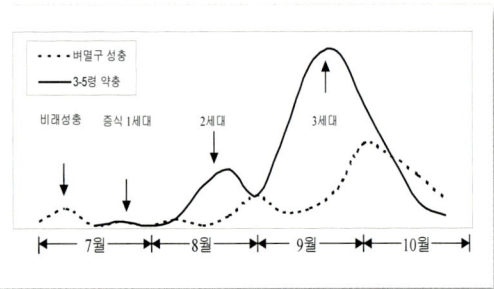

- 성충과 유충밀도는 9월에 가장 높으나, 9월 하순부터는 밀도가 감소하고, 벼 수확 후에는 겨울을 나지 못하고 죽는다.
  - 7월 중·하순 비래한 벼멸구가 산란한 알이 부화하거나, 6월 하순 비래한 벼멸구의 제1세대가 형성되는 7월 하순~8월 상순이 벼멸구 방제적기이다.

표 10. 품종별 벼멸구 발생정도

| 품 종 | 벼멸구 발생수(마리/20주) | | |
|---|---|---|---|
|  | 9월 3일 | 9월 17일 | 10월 4일 |
| 호 평 | 116 | 212 | 3 |
| 일 미 | 147 | 255 | 167 |
| 동진1호 | 40 | 120 | 184 |
| 호 품 | 27 | 131 | 134 |
| 보석찰 | 11 | 118 | 34 |
| 운 광 | 57 | 271 | 15 |
| 삼 광 | 193 | 1,001 | 3,080 |
| 온누리 | 24 | 75 | 205 |
| 고시히카리 | 12 | 195 | 32 |
| 히토메보레 | 245 | 1,420 | 1,950 |

- 벼멸구를 방제할 수 있는 식물추출물은 협죽도, 멀구슬, 편백나무 잎, 참가시나무 잎, 창포, 곽향, 나비나물, 후추열매, 초피 껍질 등이 알려져 있으며 파라핀오일 1L에 제충국 꽃 200g을 1주일 정도 담가 두었다가 살포하면 70% 이상의 방제효과가 있다. 벼멸구 방제를 위한 살포간격 및 횟수는 발생초기에 1주 간격으로 3회 살포하는 것이 좋다.

## 표 11. 약용식물 추출물의 벼멸구 살충효과

| 처리자재 | 처리 전 | 살충률(%) | | | 처리자재 | 처리 전 | 살충률(%) | | |
|---|---|---|---|---|---|---|---|---|---|
| | | 1일 | 3일 | 5일 | | | 1일 | 3일 | 5일 |
| 둥글레 | 83.3 | 16.6 | 53.2 | 66.6 | 만형자 | 93.7 | 40.4 | 47.8 | 49.5 |
| 석창포 | 59.0 | 20.2 | 39.3 | 41.0 | 익모초 | 57.7 | 31.2 | 48.4 | 42.0 |
| 사 간 | 75.0 | 26.0 | 82.4 | 85.0 | 백 지 | 44.0 | 31.7 | 42.1 | 47.7 |
| 호장근 | 105.3 | 30.2 | 52.7 | 56.7 | 꼬리풀 | 50.0 | 26.1 | 53.5 | 54.2 |
| 층꽃나무 | 74.7 | 26.9 | 52.7 | 55.5 | 도라지 | 46.7 | 14.5 | 29.7 | 31.0 |
| 무화과 | 90.0 | 17.0 | 32.6 | 48.3 | 협죽도 | 87.4 | 45.6 | 55.6 | 66.8 |
| 씀바귀 | 69.7 | 31.2 | 41.3 | 44.2 | 옥잠화 | 56.0 | 20.1 | 24.1 | 24.1 |
| 고 삼 | 61.7 | 34.7 | 41.7 | 44.4 | 자귀나무 | 50.3 | 15.0 | 32.1 | 33.4 |
| 오동나무 | 61.3 | 24.8 | 34.1 | 40.6 | 멀구슬 | 64.3 | 17.5 | 44.1 | 66.4 |

## 표 12. 제충국 꽃과 종자의 벼멸구 살충효과

| 추출방법 | 제충국 추출부위 | 처리 전 마리수 | 살충률(%) | | |
|---|---|---|---|---|---|
| | | | 1일 | 3일 | 5일 |
| 물 | 꽃 | 41.0 | 14.1 | 22.5 | 26.1 |
| | 종 자 | 50.7 | 21.7 | 30.8 | 34.9 |
| 파라핀유 | 꽃 | 54.0 | 47.4 | 63.0 | 73.5 |
| | 종 자 | 43.3 | 28.6 | 46.7 | 77.4 |
| 에탄올 | 꽃 | 38.3 | 15.7 | 53.5 | 57.5 |
| | 종 자 | 39.7 | 36.4 | 38.8 | 63.5 |

표 13. 시판자재의 벼멸구 살충효과(유묘검정)　　　　　　　　　　　　　(단위: %)

| 자재종류 | 살충률 | | 자재종류 | 살충률 | |
|---|---|---|---|---|---|
| | 1일 후 | 3일 후 | | 1일 후 | 3일 후 |
| 자재 1 | 66.7 | 90 | 자재 19 | 40.9 | 51.0 |
| 자재 2 | 76.7 | 90 | 자재 20 | 34.4 | 50.6 |
| 자재 3 | 84 | 89 | 자재 21 | 33.3 | 50 |
| 자재 4 | 50 | 86.7 | 자재 22 | 42.4 | 49.5 |
| 자재 5 | 86 | 86 | 자재 23 | 42.2 | 47.1 |
| 자재 6 | 79.6 | 84.8 | 자재 24 | 40.3 | 47.0 |
| 자재 7 | 61.1 | 79.1 | 자재 25 | 35.4 | 43.4 |
| 자재 8 | 67.6 | 75.7 | 자재 26 | 28.6 | 41.7 |
| 자재 9 | 59.0 | 71.3 | 자재 27 | 36.3 | 39.5 |
| 자재 10 | 53.6 | 70.9 | 자재 28 | 23.8 | 35.8 |
| 자재 11 | 57.1 | 67.9 | 자재 29 | 29.5 | 33.9 |
| 자재 12 | 40 | 66.7 | 자재 30 | 21.3 | 32.6 |
| 자재 13 | 51.4 | 66.6 | 자재 31 | 17.9 | 29.7 |
| 자재 14 | 57.1 | 63.3 | 자재 32 | 25.3 | 29.6 |
| 자재 15 | 34.3 | 62.8 | 자재 33 | 16.0 | 24.1 |
| 자재 16 | 45.3 | 59.0 | 자재 34 | 12.7 | 18.0 |
| 자재 17 | 47.2 | 56.2 | 자재 35 | 10.4 | 18.0 |
| 자재 18 | 41.2 | 52.4 | 자재 36 | 13.7 | 16.1 |

※ 시험자재: 바이○○○, 박메○○○○, 청멸○○○○○, 다○, 진삼○○○○, 왕중○○○, 아그○○○○, 푸른○○, 바이○○○, 스파○○, 참○, 수도○○○, 진○○, 바이○, 진○○, 은○, 청○, 충○○, 충○○(○○), 미○, 두○○, 그○○, 불○, 은○○, 충○○, 진○○, 그린○○, 은○○, 충○○, 나○○, 충○○, 바○○, 박멸○○, 팽이○○, 나방○○, 올○○

- 시판자재의 경우 특정 제품의 효과가 아주 낮지만 대부분 70% 이상의 방제효과를 보이므로 이런 제품을 선별하여 사용할 필요가 있다. 이들 제품 대부분은 식물추출물을 원료로 사용하고 있기 때문에 한 제품을 반복하여 사용하기보다는 여러 제품을 번갈아 사용함으로써 벼멸구의 내성을 감소시킬 수 있으며 방제효과도 높일 수 있다.

그림 13. 벼멸구

볏대에 붙어 있는 벼멸구

벼멸구

## 2. 흰등멸구 (*Sogatella furcifera Horvath*)

- 흰등멸구는 벼멸구와 같은 시기에 비래하나 비래량은 벼멸구보다 10배 이상 많으며, 일반적으로 비래 다음 세대 유충의 밀도가 가장 높고 단시형이 출현한다.

- 이앙이 빠른 곳에서는 비래에 의한 초기밀도가 높으며, 만식답에서도 8월 상·중순에 밀도가 높았다가 중순 이후 출수를 전후하여 밀도가 급격히 감소한다.

- 출수 후에는 벼의 영양상태가 충의 발육에 부적합하고, 유충기의 높은 밀도로 인해 장시형이 되는 비율이 높아지는 등의 원인으로 분산, 이동하게 되어 벼멸구와는 달리 9월까지 밀도가 높은 경우는 드물다.

- 장시형 성충이 선호하는 벼 생육단계의 범위가 좁아 특정 생육단

계를 선호하는 경향이 뚜렷하며 질소성분이 많은 벼를 선호한다.

- 흰등멸구 피해는 비래성충이 낳은 유충에 의해 하엽의 변색, 초장의 감소 등 초기생육을 부진하게 하고, 발생이 심하면 상위엽까지 갈변하고 출수가 지연된다.

- 흰등멸구는 벼멸구보다 비래량이 많으나 피해가 적게 느껴지는 것은 벼멸구와는 달리 논 전체에 골고루 분산하기 때문이다.

흰등멸구 성충

흰등멸구 약충

출처: 농촌진흥청 포토뱅크

# 3. 애멸구 (*Laodelphax striatellus Fallen*)

- 우리나라에서는 3~4령 약충으로 논둑, 밭둑 또는 제방 등에서 월동한다.
    - 국내에서 증식하였으나, 최근 대발생은 중국에서 비래하는 것으로 추정된다.
- 애멸구는 연 5회 발생하며 3월 하순부터 보리밭으로 이동하여 1세대를 경과하고, 제2세대 성충이 묘판이나 본답으로 이동, 제2세대 성충이 이동하는 5월 하순~6월 상순은 바이러스에 대한 벼의 감수성이 높을 때이므로, 이 시기의 애멸구 발생량과 보독충률(保毒蟲率)이 피해정도를 좌우한다.
- 제2세대의 발생은 기주인 맥류의 생육 상황에 의하여 크게 좌우되며 3월과 4월의 온도 및 강우가 제2세대 애멸구 발생량을 크게 좌우한다.
    - 기온이 높고 비가 적당히 오면 보리의 숙기가 빨라져 이른 수확이 가능하므로, 애멸구의 우화율이 낮아져서 본답으로 이동하는 애멸구의 개체수가 감소한다.
- 제3, 4세대는 각기 7월 중순과 8월 중순에 발생하여 본답에서 벼를 가해하고, 마지막 세대는 벼가 완숙할 무렵인 9월 하순~10월 상순에 발생하여 월동처의 잡초로 이동한다.
- 애멸구의 직접가해에 의한 피해는 크지 않으며, 작물에 바이러스를 전파하는 매개충(媒介蟲)으로서 중요시되고 있다. 애멸구는 현재까지 국내에서 벼에 줄무늬잎마름병(호엽고병, 縞葉枯病), 검은줄오갈병(흑조위축병, 黑條萎縮病), 옥수수에 검은줄오갈병, 보리에 북지모자이크병(NCMV: Northern Cereal Mosaic Virus)을 매

개하는 것으로 알려져 있다.

그림 15. 애멸구

애멸구 성충

줄무늬잎마름병 근접촬영

줄무늬잎마름병 포장전경

## 4. 혹명나방(*Cnaphalocrocis medinalis Guenee*)

- 연간 발생 세대수는 비래시기의 조만에 따라 차이가 있으나, 대개 2~3세대를 경과하며 산란수는 80~90개, 난 기간은 5~7일, 유충 기간은 20일, 번데기 기간은 8~15일, 성충수명은 9~20일이다.
  - 성충 발생 최성기는 7월 하순~8월 상순, 9월 상순~9월 중순이 며 11월 중순까지 성충이 관찰된다.
  - 많이 발생할 경우 벼의 생육 후기에 방제를 실시하지 않으면 벼 의 수량감소를 초래하는데 6월 중·하순부터 7월 중·하순에 걸쳐 해외에서 비래하여 온 성충이 그해의 발생원이 된다.
- 비래하는 시기나 양은 해에 따라 변화가 심하여, 1977~1979년에

발생량이 많았으나 그 후로는 매년 발생량이 적어졌다. 흑명나방은 해안선 인접 지역에 발생량이 많고 일단 비래한 후에는 급속히 생식 활동을 시작하여 2차 이동한다.

- 비래 직후에 포획된 성충은 암수가 동수이며 암컷은 교미하지 않은 개체가 많으나 내륙 지방에서 포획된 성충은 암컷의 비래량이 많으며 성비는 70% 정도로서 대부분 교미한 개체가 많다. 성충의 교미율의 변화는 벼의 생육단계와 밀접한 관계가 있고 분얼기에 채집한 개체는 교미율이 높으나 출수기가 지난 벼에서 채집된 성충은 교미율이 낮다.

- 흑명나방 유충은 벼잎을 길게 원통형으로 말고 그 속에서 잎을 갉아먹는데, 처음에는 하나의 피해 잎에 여러 마리가 들어 있으나 차차 분산하여 한 마리가 한 개의 피해 잎을 만든다. 한곳에서 상당한 양을 먹으면 차츰 새로운 잎으로 이동하여 가해하고 대량으로 발생하면 여러 개의 잎을 말고 갉아먹는다.

  - 피해받은 잎은 표피만 남아 백색으로 되며, 피해가 심할 때는 논 전체가 녹색을 잃게 되고 출수가 불량하며 등숙이 지연된다. 질소 시비량이 많고 늦게 이앙한 논에서 발생량이 많다.

- 흑명나방은 육묘일수 40일에서 피해엽률이 가장 적으나 벼멸구의 경우 30일 묘에서 발생량이 적으므로 30일 정도의 육묘가 벼 해충 피해를 줄이는 방법이다.

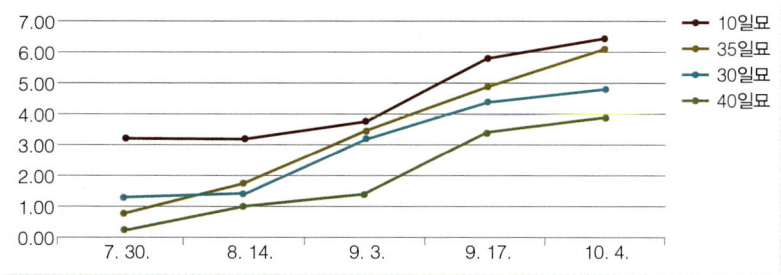

- 혹명나방의 피해를 줄이기 위해서는 이앙시기를 빠르게 하고 질소 시비는 기준량 이하로 할 때 가능하다. 시판자재의 경우 청○, 홍 ○○, 베○○, 왕○○이 70% 이상의 방제효과를 보여 제품을 교호 살포하면 피해를 감소시킬 수 있다.

### 표 14. 이앙시기 및 질소 수준별 혹명나방 피해엽률 (단위: %)

| 이앙 시기 | 피해엽률 | | |
| --- | --- | --- | --- |
| | 질소 반량 | 질소 기준량 | 질소 배량 |
| 5월 3일 | 23.0 | 28.9 | 29.0 |
| 5월 24일 | 37.9 | 37.3 | 48.9 |
| 6월 14일 | 70.6 | 74.9 | 81.5 |

출처: 전라남도 농업기술원('08)

## 표 15. 시판자재의 혹명나방 방제효과 (단위: %)

| 자재종류 | 피해율 | | | 방제가 | 자재종류 | 피해율 | | | 방제가 |
|---|---|---|---|---|---|---|---|---|---|
| | 3일 | 6일 | 9일 | | | 3일 | 6일 | 9일 | |
| 자재 1 | 27.5 | 29.4 | 29.6 | 73.7 | 자재 14 | 36.8 | 39.5 | 41.0 | 63.6 |
| 자재 2 | 29.4 | 30.2 | 30.4 | 73.0 | 자재 15 | 38.4 | 39.2 | 41.1 | 63.5 |
| 자재 3 | 27.9 | 30.3 | 31.7 | 71.9 | 자재 16 | 41.3 | 42.8 | 45.0 | 60.1 |
| 자재 4 | 28.5 | 30.6 | 31.9 | 71.6 | 자재 17 | 37.9 | 40.3 | 42.7 | 62.1 |
| 자재 5 | 30.1 | 32.8 | 34.2 | 69.7 | 자재 18 | 39.8 | 40 | 43.4 | 61.5 |
| 자재 6 | 32.4 | 35.2 | 36 | 68.1 | 자재 19 | 50.4 | 52.2 | 56.8 | 49.6 |
| 자재 7 | 34.5 | 36.2 | 38.1 | 66.2 | 자재 20 | 56.4 | 56.8 | 60.1 | 46.7 |
| 자재 8 | 34.8 | 36.2 | 38.4 | 65.9 | 자재 21 | 58.4 | 59.3 | 60.4 | 46.4 |
| 자재 9 | 35.2 | 36.8 | 39.1 | 65.3 | 자재 22 | 42.8 | 43.4 | 45.1 | 60.0 |
| 자재 10 | 35.9 | 38.0 | 40.2 | 64.3 | 자재 23 | 40.4 | 41.2 | 42.4 | 62.4 |
| 자재 11 | 35.6 | 37.9 | 40.1 | 64.4 | 자재 24 | 36.8 | 37.4 | 39.2 | 65.2 |
| 자재 12 | 35.8 | 38.8 | 39.8 | 64.7 | 자재 25 | 41.2 | 44.1 | 45.7 | 59.4 |
| 자재 13 | 36.1 | 38.9 | 40.1 | 64.4 | 자재 26 | 50.4 | 52.1 | 53.4 | 52.6 |

※ 시험자재: 청ㅇ, 홍ㅇㅇ, 왕ㅇㅇ, 베ㅇㅇ, 이ㅇㅇ, 순마ㅇㅇ1, 충ㅇㅇ, 바ㅇㅇ, 바이ㅇㅇ, 충ㅇ, 멸ㅇㅇ, 박ㅇㅇ, 홍ㅇㅇ, 바ㅇㅇ, 순마ㅇㅇ2, 녹색ㅇㅇ, 충ㅇㅇ, 진삼ㅇㅇㅇㅇ, 진ㅇ, 응ㅇㅇ, 응ㅇㅇ, 한ㅇㅇ, 버ㅇㅇ, 방ㅇㅇ, 신ㅇㅇ, 파ㅇㅇ

## 그림 17. 혹명나방

혹명나방 성충

혹명나방 유충 피해

# 5. 이화명나방 (*Chilo suppressalis Walker*)

- 우리나라에서는 연 2회 발생하는데, 다 자란 유충태로 볏짚이나 그루터기에서 월동하고, 휴면이 타파되는 4월 중순경부터 볏짚의 절단면 근처로 이동하여 탈출구를 마련하고 고치를 만들며 실을 토하여 전단구를 봉한 다음 번데기가 된다.
  - 번데기 기간은 10~14일이고, 제1세대 성충은 5월 중순부터 발생하여 늦은 것은 7월 중순까지 나오며, 발생 최성기는 6월 상순으로 중부지방에서는 대개 본답 초기에 해당한다.
- 제1세대 성충은 오후 2시경부터 저녁에 걸쳐 우화하고, 수명은 8일 정도이며 5~6일 동안 산란활동을 하는데, 활동 최성기는 오후 8~11시이다. 낮에는 잎 사이에 숨어 있으며 벼잎에 물고기 비늘 모양으로 수십 개씩 알을 낳는데 5~6개의 무더기로 나누어 한 마리가 약 300개를 낳는다.
  - 알기간은 7일이고, 부화유충은 즉시 실을 토하면서 바람에 날려 분산하고, 초기에는 외부의 잎집 속으로 먹어 들어가지만 결국에는 줄기 속으로 먹어 들어간다. 그 결과 잎집이 갈색으로 변하고, 이어 잎이 시들어 변색되며, 줄기 속으로 먹어 들어갔을 때에는 심엽이 시들고 변색된다.
  - 다 자란 유충은 7월 중·하순경 줄기의 하부로 내려와 미리 반달 모양의 탈출공을 만들고, 줄기 속에서 번데기가 되는데, 번데기 기간은 10일 정도이고 8월 상순부터 제2화기 성충이 나타나 늦은 것은 9월 상순에 이르지만 발생 최성기는 8월 중순이다.
- 제2세대 성충은 잎집 또는 하엽의 뒷면에 280개의 알을 4~5무더기로 나누어 낳고, 성충수명은 6일 정도이며 3~4일 동안 산란활

동을 한다. 알기간은 6일이며, 부화유충은 제1세대 유충과는 달리 분산하지 않고 잎집 내부에서 군식하여 그 부분이 적갈색으로 변한다.

- 7~10일이 지나 줄기가 말라죽으면 분산하여 다른 줄기로 먹어 들어가고, 결국 줄기 하나에 유충 1마리가 들어 있는 경우가 많고, 경우에 따라서는 줄기 하나에 여러 마리가 기생하는 경우도 있다.

• 제1세대 성충의 알에서 부화한 유충은 집단적으로 엽초에 침입한다. 유충이 침입한 엽초는 황갈색으로 변하며 이를 엽초변색경(葉鞘變色莖)이라고 한다.

- 2~3령까지는 엽초에서 집단으로 생활을 하며 3령부터는 분산하여 벼의 줄기 속으로 침입하여 벼의 심부를 가해하면 전개 전의 신초가 고사하게 되며 이를 심고경(心枯莖)이라 한다.

• 2화기 유충도 어릴 때에는 집단으로 벼의 유연한 조직에서 생활하나, 자라면서 분산하여 줄기를 가해하므로 이삭이 고사되며, 출수 직후 고사는 백수(白穗)라 하고, 출수 후 이삭이 여물면 백수는 되지 않으나 일부 이삭이 쭉정이가 된다.

- 1화기 유충에 의해서 벼의 줄기수가 감소하며, 2화기 유충에 의해서는 이삭수가 감소하여 수량감소를 초래한다.

그림 18. 이화명나방

이화명나방 유충

이화명나방 성충

이화명나방 피해

## 6. 벼물바구미 (Lissorhoptrus oryzophilus Kuschel)

- 우리나라에서는 1988년 7월 경남 하동에서 처음으로 발견된 이후 같은 해에 시흥, 동해, 울주 등에서도 발생이 보고되었고 지금은 거의 전국적으로 발생한다.

- 연 1회 발생하는 해충으로 알 기간은 10일 내외, 유충 기간은 28~37일, 번데기 기간은 6~9일이며 나머지 약 10개월간을 성충으로 지낸다.

- 논에서 우화한 후 8월 상순경 월동처로 이동한 후, 이듬해 5월 중·하순경 산란을 위하여 논으로 이동하기까지 대부분 기간을 월동장소에서 지낸다.
- 월동성충은 4월 하순에 활동을 시작하여 월동장소 주변의 잡초를 먹는데 이때부터 비상근(飛翔筋)이 발달하기 시작하여 5월 중순이 되면 논으로 이동하기 시작한다.
- 우리나라에서 발생하는 벼물바구미는 33개의 염색체를 가진 3배체의 암컷인 단위생식 계통이며, 산란수는 118~163개 범위로 하루 평균 2개 정도를 산란한다.

• 부화 유충은 1~3일간 엽초 내에서 엽육을 섭식한 후 물속으로 떨어져 뿌리로 이동하여 뿌리를 가해하는데 유충 기간은 30~40일, 번데기 기간은 7~14일 정도이다. 1세대 성충은 한낮에는 벼의 지제부(地際部)에 잠복하고 있다가 저녁이 되면 잎의 끝으로 올라가고 야간에는 다시 밑으로 내려가며, 8월 중하순이 되면 벼를 떠나 월동처로 이동한다.

• 성충은 예찰등에 잘 유인되며 유살 최성기는 월동 후 성충이 5월 하순~6월 중순, 1세대 성충 기간은 7월 하순~8월 중순경이다. 성충은 식물의 잎 끝으로 올라가서 비상을 하는데 월동 성충은 16시경부터, 차세대 성충은 17시경부터 시작하여 일몰과 함께 끝난다.

• 성충은 어린잎을 갉아먹어 벼잎에 흰색의 가느다란 선이 생기게 되며, 밀도가 높을 경우 잎 전체가 하얗게 변하고 결국 포기 전체가 고사하는 경우도 있다. 부화유충은 뿌리의 내부조직을 가해하여 양분이 고갈되면 다른 뿌리로 이동한다.
- 유충은 땅속 3~9cm 범위에 주로 서식하는데 이앙 직후 유충이 뿌리를 가해하기 시작하면 마치 비료가 부족한 것처럼 잎이 누

렇게 되고 키가 크지 못하는 증상을 보이며, 벼 포기를 뽑아보
면 뿌리가 모두 절단되어 있다.
- 또한 피해를 받은 벼는 출수가 지연되며 벼알이 제대로 여물지
  못한다.
• 육묘일수별 피해는 10일묘에서 16%까지 나타나므로 최소 10일 이
  상 육묘한다.

표 16. 유기농자재에 의한 벼물바구미 방제효과 (단위: %)

| 자재종류 | 피해엽률 | | | 방제가 | 비고 |
|---|---|---|---|---|---|
| | 3일 후 | 7일 후 | 15일 후 | | |
| 자재 1 | 0.6 | 2.8 | 11.7 | 60.1 | 일부약해 |
| 자재 2 | 0.3 | 2.9 | 10.5 | 64.2 | 〃 |
| 자재 3 | 0.3 | 3.0 | 10.4 | 64.5 | 〃 |
| 자재 4 | 0.4 | 2.0 | 10.5 | 64.2 | 〃 |
| 자재 5 | 0.3 | 3.2 | 9.1 | 68.9 | 〃 |
| 자재 6 | 0.2 | 2.1 | 6.8 | 76.8 | |
| 자재 7 | 0.3 | 2.4 | 8.3 | 71.7 | |
| 자재 8 | 0.3 | 5.6 | 11.0 | 62.5 | |
| 자재 9 | 16.2 | 43.2 | 51.4 | 56.8 | |
| 자재 10 | 0.9 | 4.1 | 10.1 | 65.5 | |

※ 시험자재: 흔○○, 바○○, 떠○○, 바○○, 진○, 왕○○, 베○○, 순○○○, 커○, MS ○○○○○○

## 그림 19. 벼물바구미

벼물바구미 유충

벼물바구미 성충

출처: 농촌진흥청 포토뱅크

벼물바구미 피해엽

벼물바구미 피해포장

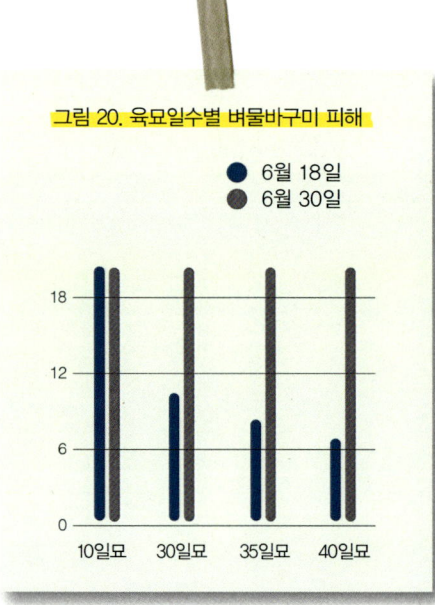

그림 20. 육묘일수별 벼물바구미 피해

- 6월 18일
- 6월 30일

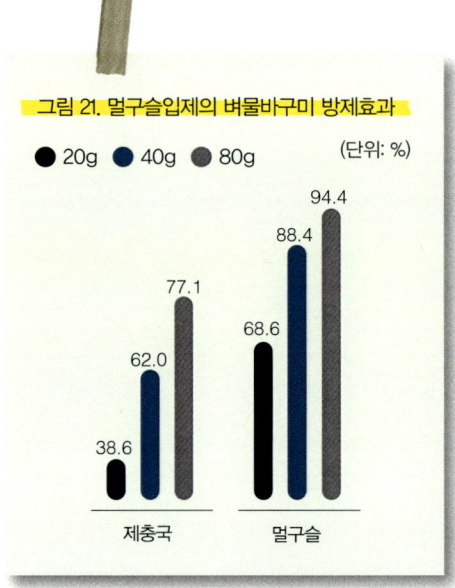

그림 21. 멀구슬입제의 벼물바구미 방제효과

- 20g
- 40g
- 80g

(단위: %)

- 유기농자재 중에는 왕○○, 베○○ 등이 70%의 방제효과를 나타
  내므로 이들 제품을 살포하거나 최근에는 육묘상자에 직접 처리할
  수 있는 입제가 개발되고 있는데 이들 제품은 상자당 80g을 이앙
  당일 뿌려주면 90% 정도의 방제가 가능하다.

## 7. 노린재류 (Stink Bugs)

- 벼에서 노린재의 피해는 벼이삭을 흡즙하여 반점미(班點米)를
  유발시키는데 세계적으로 40여 종이며, 국내에서도 먹노린재
  (*Scotinophara lurida*; Burmeister), 가시점둥글노린재(*Eysarcoris
  aeneus*; Scopoli), 배둥글노린재(*Eysarcoris ventralis*; West-
  wood), 붉은잡초노린재(*Rhopalus maculatus*; Fieber), 흑다리
  잡초노린재(*Stictopleurus crassicornis*; Linnaeus), 미디표주박
  긴노린재(*Togo hemipterus*; Scott), 흑다리긴노린재(*Paromius
  exiguus*; Distant) 등 10여 종이 발생하고 있다.
  - 출수 전에는 줄기에서 즙액을 흡즙하고, 출수 후에는 벼이삭을 흡
    즙하는 단식성 종과 출수 전에는 주로 잡초를 가해하고, 출수 후
    에 벼로 이동하여 벼이삭을 흡즙하는 다식성 종으로 구분한다.
  - 단식성 종에는 먹노린재가 있고, 다식성 종에는 대부분이 벼 가
    해 노린재류이다.
- 노린재는 흡즙성 구기(吸汁性 口器)를 가지고 있으며 가해시기에
  따라 피해양상이 다르다. 즉, 개화 직후에 피해를 받으면 쭉정이가
  되고, 등숙기에 피해를 받으면 반점미가 된다.
- 노린재 종류별 반점미 발생률은 가시점둥글노린재, 배둥글노린재,

붉은잡초노린재, 알락수염노린재 등이 높다.

- 벼 품종별 피해는 조생종이 가장 심하고 그 다음은 중생종인데 그 원인은 8월 중순 이후에는 화본과 잡초의 출수가 많아져 노린재류가 이와 같은 잡초로 이동하여 번식하기 때문에 논으로 비래하는 양은 적으나, 화본과 잡초가 출수하기 전에 출수하는 논에서는 노린재류의 침입과 번식이 용이하기 때문이다.
- 지역적으로는 산간부 내륙 지방이 평야지보다 반점미 발생이 많다.

표 17. 벼 생육시기에 따른 가시점둥글노린재 피해(식량원)

| 노린재 접종시기 | 노린재 피해율(%) | | | | 피해 증상 |
| | 접종일수 | | | | |
| | 3일 | 5일 | 7일 | 10일 | |
|---|---|---|---|---|---|
| 출수기 | 1.3 | 2.5 | 3.7 | 5.0 | 쭉정이 및 반점미 |
| 유숙기 | 1.0 | 2.1 | 3.3 | 4.8 | 반점미 |
| 호숙기 | 0.8 | 1.7 | 2.8 | 4.4 | 〃 |
| 황숙기 | 0.5 | 1.0 | 1.6 | 2.3 | 〃 |

- 최근에는 벼먹노린재가 유기재배 농가를 중심으로 발생하기 시작하는데 연 1회 성충으로 낙엽 밑에서 월동하다가 6월 하순~7월 상순 본답으로 이동하여 잎, 줄기를 가해하며, 벼 줄기 속의 어린 이삭을 흡즙하여 반점미 유발시킨다.
  - 방제시기는 6월 하순~7월 상순으로 주로 논둑과 가까운 가장자리에서부터 피해를 주기 때문에 주의 깊게 관찰하여 발생 시에는 친환경 자재를 논둑까지 살포해야 한다. 친환경 자재 중에는 충○○, 응○○, 왕○○, 수호○○ 등이 효과적이다.

## 표 18. 벼먹노린재에 대한 유기농자재의 방제효과(충북)

| 자재종류 | 희석배수 | 성충 사충률(%) | 약충 사충률(%) |
|---|---|---|---|
| 자재 1 | 1,000배 | 6.7 | 32.5 |
| 자재 2 | 1,000배 | 0.0 | 23.3 |
| 자재 3 | 1,000배 | 0.0 | 75.0 |
| 자재 4 | 1,000배 | 6.7 | 55.3 |
| 자재 5 | 1,000배 | 0.0 | 43.5 |
| 자재 6 | 1,000배 | 0.0 | 71.4 |
| 자재 7 | 1,000배 | 0.0 | 65.2 |
| 자재 8 | 500배 | 0.0 | 62.3 |
| 자재 9 | 500배 | 26.7 | 100.0 |
| 자재 10 | 500배 | 6.7 | 30.0 |
| 자재 11 | 1,000배 | 0.0 | 50.0 |
| 자재 12 | 1,000배 | 53.3 | 73.3 |
| 자재 13 | 1,000배 | 13.3 | 75.0 |
| 자재 14 | 500배 | 0.0 | 65.0 |
| 자재 15 | 1,000배 | 0.0 | 100.0 |
| 자재 16 | 600배 | 0.0 | 55.0 |
| 자재 17 | 1,000배 | 0.0 | 40.0 |
| 자재 18 | 500배 | 93.3 | 100.0 |
| 자재 19 | 200배 | 53.3 | 100.0 |
| 자재 20 | 500배 | 6.7 | 70.0 |
| 자재 21 | 200배 | 26.7 | 65.0 |

※ 시험자재: 보ㅇ, 다ㅇㅇ, 스파ㅇㅇ, 베ㅇㅇ, 선ㅇ, 왕ㅇㅇ, 진ㅇ, 응ㅇㅇ, 신ㅇㅇ, 그ㅇㅇ, 충ㅇㅇ, 응ㅇㅇ, 바ㅇㅇ, 응ㅇㅇ, 솔ㅇ, 니ㅇ, 수호ㅇㅇ, 충ㅇㅇ, 바이ㅇㅇ ㅇㅇ, 사ㅇㅇ, 잎살ㅇ ㅇㅇ

그림 22. 먹노린재

먹노린재 피해포장

벼 포기내 흡즙

먹노린재 성충

● 해충방제는 육묘상자부터 시작하여 초기 해충을 막고, 육묘는 30일 이상 묘를 이용하면 해충 피해율을 줄일 수 있다. 멸구류와 노린재는 친환경 자재를 이용하여 1주일 간격으로 3회 이상 살포해야 방제가 가능하다.

# Part 06

•

잡
초
관
리

# Ⅰ. 친환경 잡초 관리를 위한 사전 준비작업

## 1. 깨끗한 논 만들기

- 벼 유기재배 시 잡초를 관리하기 위해서는 사전에 논관리가 필요하다.
- 벼 유기재배를 시작하기 1~3년 전부터 꾸준히 잡초를 방제하여 잡초의 밀도를 낮추어야 한다.
- 일년생잡초 피와 다년생잡초 올방개, 벗풀 및 잡초성 벼 등은 철저하게 제거한다.
- 물을 가두기 위해 논둑의 보수가 필요하다.
- 논둑 높이는 적어도 20cm 이상이 되어야 한다.
- 봄철에 트랙터 부착용 논둑 조성기를 이용하는 것이 좋다.

## 2. 친환경농법에 대한 기술 사전 습득

친환경벼 재배에서 이용할 수 있는 생물 및 유기자원의 잡초관리 방법을 습득하여 자신의 농사 환경에 알맞은 방법을 미리 선택한다.

## 3. 잡초와의 경합력을 높일 수 있는 방법 강구

- 논에 발생하는 잡초를 정확히 파악하고 문제잡초에 대한 대책을 세워야 한다.
- 모가 건강할수록 잡초와의 경쟁력이 크므로 가급적 육묘기간을 길게 한다.
- 모내기는 6월 상순이 좋으며 이앙 전에 10일 간격으로 약 2회 정도 로터리하여 미리 출아된 잡초를 사전에 제거한다.
- 이앙 벼의 잡초 경합 한계기간은 이앙 후 35~49일이므로 반드시 이 시기 이전에 잡초를 방제해야 한다.

# Ⅱ. 잡초는 기본적으로 어떻게 관리해야 하는가?

## 1. 잡초의 예방적 관리는 어떻게 하는가?

- 예방적 관리란 농경지에 잡초 발생의 근원이 되는 번식체 즉 종자, 포자 및 영양체(지하경(땅속줄기), 괴경(덩이줄기) 등)의 유입을 차단시키는 모든 관리를 말한다.
- 잡초가 문제를 일으키지 못하도록 하기 위해서는 다음 사항에 유

의해야 한다.

- 잡초종자가 포함되지 않은 종자를 사용한다.
- 농기계 사용 후 청결을 유지하여 인근 포장으로 전파를 방지한다.
- 관개수로 및 논둑을 철저히 관리한다.
- 퇴구비 및 사료의 관리 철저히 한다.

## 2. 잡초의 기계적(물리적) 관리는 어떻게 하는가?

- 기계적 관리법을 물리적 관리법이라도 한다.
  - 예초기, 중경제초기 등 기계를 이용하여 잡초를 베거나 땅에 매몰시켜 제거하는 방법
  - 화염방사기를 이용하여 태워 죽이는 방법
  - 비닐, 개량부직포, 보온덮개, 종이멀칭 등을 이용하여 잡초가 발아를 못하게 하거나 이미 발생한 잡초를 죽게 하는 방법 등이 있다.

## 3. 잡초의 생물적 관리는 어떻게 하는가?

- 생물적 방제는 동물, 식물 그리고 미생물을 이용하는 기술로 나눌 수 있다.
  - 잡초 방제에 이용하는 동물은 오리, 왕우렁이, 참게 등이 있다.
  - 타감작용[3]을 가진 식물을 이용하는 기술도 있다.

– 미생물로는 사상균, 세균 및 방선균 등이 있다.

## 4. 잡초의 경종적 관리는 어떻게 하는가?

- 잡초의 경종적 관리는 작물을 재배하는 과정에서 재배방법에 따라 잡초 관리에 효과가 있는 방법을 말한다.
- 경운, 정지, 품종 선택, 재배시기 조절, 재식밀도 조절, 피복식물 재배, 논밭 전환, 물관리, 시비량 조절 등이 있다.
- 경종적인 방법은 물리적 방법이나 생물적 방법 등을 동원하기 전에 잡초의 밀도를 줄여 주므로 그 후에 사용하는 방법의 효과를 더 높일 수 있다.
- 경종적 방법 중 잡초를 가장 손쉽게 관리하는 방법이 물관리이다.
  - 벼를 재배할 때 물을 깊게 대면 잡초의 발생이 현저히 적어진다.
  - 피는 6cm 심수관개에 의해 50% 정도의 발생이 억제된다.
  - 잡초성벼(앵미)와 자귀풀은 담수조건하에서 종자가 땅속 1cm 이상의 깊이에 매몰되어 있는 경우에는 거의 출아하지 않는다.

- 벼농사에서 잡초는 완벽하게 방제할 대상이 아니며 근절할 수도 없다. 다만 경제적 피해수준 이하로 관리하는 것이 중요하다. 그러므로 한 가지 자재나 수단으로만 관리하는 것보다는 환경여건에 따라 종합적인 방법으로 관리하는 것이 환경에 안정적이고 장기적인 잡초관리가 될 수 있다.

3 Allelopathy [他感作用]: 하나의 생물, 특히 식물이 떨어져서 생활하고 있는 다른 종의 생물에 영향을 주는 현상. 잘 익은 사과열매의 에틸렌 생산에 의해 종자의 발아를 저해하거나 덜 익은 열매를 익도록 촉진하는 작용이나, 샐비어속, 쑥속의 식물이 테르펜류를 내어서 밑에 살고 있는 식물의 생육을 저해하는 작용이 그의 예이다. 식생천이의 한 요인이라고 생각된다. 고등식물에 함유되어 있는 테르펜류를 주체로 하는 휘발성분, 즉 피톤치드가 미생물이나 원생동물에게는 저해적 작용을 하는 것도 같은 예가 된다.

# Ⅲ. 주요 논 잡초 생육특성

## 1. 피(화본과)

- 일년생잡초로서 논 잡초 중 가장 피해를 크게 미치는 잡초이다.
  - 피 종류는 물피, 강피, 돌피 등으로 구분된다.
  - 남부지방에서 주로 물피, 중부지방에서는 강피가 많이 발생한다.
- 피는 발생초기에 벼와 생김새가 비슷하여 구별하기가 어렵다.
  - 물피는 줄기 아래쪽에 붉은 색소를 지니고 있고 이삭에 까락이 있다.
  - 강피는 형태적으로 벼와 매우 비슷하여 구분하기가 쉽지 않다.
- 강피, 물피, 돌피 종자 모두 토양 1cm 아래에 있을 경우, 물깊이를 2cm만 유지해도 출아가 극히 저조하며, 특히 물피는 물깊이를 1cm만 유지해도 거의 출아되지 않아 물관리 방법만으로도 어느 정도 관리가 가능하다.

그림 1. 피

피 이삭(돌피/강피/물피)

물피(이삭에 까락이 많다)

강피(이삭에 까락이 적다)

## 2. 물달개비 (물옥잠과)

- 논에 발생하는 대표적인 일년생 광엽 수생잡초이다.
  - 우리나라 전역에 걸쳐 발생하며 피 다음으로 발생 빈도가 높은 잡초이다.
- 벼와 양분 경합력은 크지만 광이 부족하면 생장력은 떨어지므로 벼를 튼튼하게 재배하면 물달개비의 생장을 억제시킬 수 있다.

- 혐기적인 담수상태에서도 출아가 잘되므로 쌀겨를 이용할 때 방제가 곤란하다.
- 발생밀도가 너무 높으면 왕우렁이를 방사해도 완전히 방제하지 못한다.

그림 2. 물달개비

생육 초기

벼와 경합(담수직파)

벼와 경합(이앙)

꽃

156

# 3. 사마귀풀 (닭의장풀과)

- 저온 출아성이 높아 남부지방에서는 3월 말부터 발생한다.
  - 로터리 작업을 할 때 10~30cm의 크기로 자란 줄기마디가 절단되어 흙에 걸치게 되면 각 마디에서 뿌리를 내거나 논둑에서 발생되어 본답에 침입한다.
- 줄기는 다육질이고 기어가면서 뿌리를 내리며 벼 줄기를 감고 생장한다.
  - 발생 직후에 방제하지 않으면 제거하는 데 노력이 많이 든다.
- 생육 후기까지 방치하면 벼가 쓰러질 뿐만 아니라 콤바인 작업도 곤란해진다.
- 로터리 작업 시 매몰시키거나 논둑관리를 잘해야 본답의 오염을 막을 수 있다.

그림 3. 사마귀풀

발생 초기

생육 중기(논둑에서 침입)

꽃

## 4. 여뀌바늘 (바늘꽃과)

- 여뀌바늘은 지방마다 다른 이름으로 불려 혼란이 많은 잡초이다.
  - 지역에 따라 물풀, 개좃방망이, 고춧대풀이라고 불린다.
- 벼보다 초기 생장은 느리나 생육 중기 이후에 빠르게 생장한다.
  - 공간 점유성이 크기 때문에 광과 양분 경합이 심하다.
- 벼를 수확할 때 콤바인 작업에 불편을 주므로 반드시 제거해야 한다.
- 최근 건답 및 담수직파재배와 쌀겨를 이용한 논에서 많이 발생한다.
- 왕우렁이의 방사시기가 늦으면 줄기가 강하기 때문에 잘 먹지 못한다.

그림 4. 여뀌바늘

발생 초기

벼와 경합(담수직파)

꽃

## 5. 알방동사니 (사초과)

- 일년생잡초로서 흙속에 묻힌 종자 수명은 10년 이상이다.
- 어린식물일 경우 흰 뿌리와 빨간 뿌리가 혼재되어 있어 너도방동사니와 식별이 가능하다.
- 초기 생육은 벼나 다른 잡초보다 늦으나 기온이 올라가면 벼보다 생육이 빠르다.
- 출아 후 30일 만에 생식생장이 가능하다.
- 최근 담수직파재배에서 군락으로 발생되고 있어 문제가 된다.

그림 5. 알방동사니

초기생장(붉은 뿌리)

벼와 경합

꽃

## 6. 잡초성벼(앵미, 화본과)

- 앵미는 다양한 형태와 특성을 지니고 있다(우리나라에 약 500종
  이상).
  - 야생벼와 앵미는 뚜렷하게 구별이 되나 모두 잡초성벼(Weedy
    Rice)라고 부른다.
- 쌀에 혼입될 경우, 붉은색 현미가 섞여 있어 쌀 품질과 밥맛이 떨
  어진다.
- 자가채종한 종자를 계속 사용하거나 직파를 계속 재배할 경우에

많이 발생한다.

- 잡초성벼가 문제되는 논은 기계이앙재배로 바꾸어 윤환재배를 해야 한다.
- 앵미벼와 잡벼가 많이 발생한 논은 가을갈이 또는 봄갈이 후 로터리를 한 다음 이앙 전에 로터리를 한 번 더 하되, 가급적 늦게 모내는 것이 발생량을 줄일 수 있다.

그림 6. 잡초성벼

벼 생육기의 발생양상

성숙기

# 7. 물질경이 <sup></sup>(자라풀과)

- 일년생으로 일반 논에서는 보기 어려우나 친환경재배지에서 주로 발생한다.
- 봄에서 여름에 걸쳐 발생하고 토성에 관계없이 반음지에서도 잘 자란다.
- 종자 생산량이 많아 그 다음해 번식속도가 매우 빠르다.
- 쌀겨를 이용하는 논에서 많이 발생되며, 발생초기부터 잎이 넓어 왕우렁이도 먹지 못한다.

**그림 7. 물질경이**

초기생육

성식물

꽃

## 8. 올방개 (사초과)

- 일반 논에서 가장 방제하기가 어려운 다년생잡초이다.
- 종자가 있으나 주로 괴경(덩이줄기)으로 번식하며 괴경마다 휴면 기간이 다르다.
  - 괴경 하나에는 3~5개의 눈이 달려 있고 정아우세성[4]이 있어 먼저 나온 싹이 손상을 입으면 또 다른 측아가 발생한다.
  - 토양 중 괴경은 땅속 25cm 깊이까지 다양하게 분포하기 때문에 출아기간도 15~60일 정도로 길어 한 번에 방제하기가 곤란하다.
- 다 자란 식물체는 옆으로 뻗으면서 4~5차례 분주를 하며 최대 300개까지 분주한다.
- 올방개의 방제는 괴경 형성 억제에 중점을 두어야 한다.
  - 문제 논은 가을갈이와 다시 봄갈이를 한 후 마른 로터리를 통하여 괴경을 건조시키면 발생량이 현저히 낮아진다.
  - 왕우렁이를 이용하면 지속적으로 방제가 가능하다.

---

4  Apical Dominancy [頂芽優勢性]: 줄기에 정아와 측아가 공존할 경우 측아보다 정아가 먼저 발육하는 현상을 말한다.

그림 8. 올방개

올방개 및 괴경

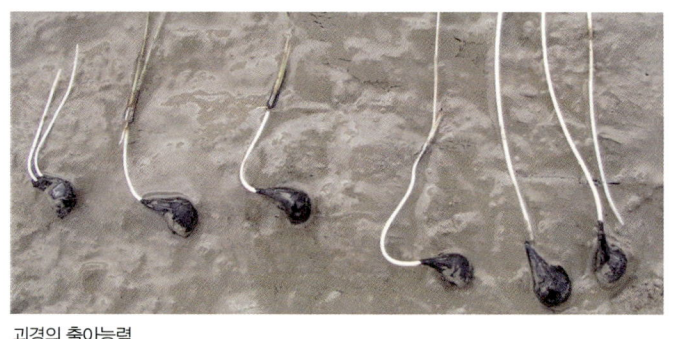

괴경의 출아능력

벼와 경합(이앙재배)

꽃

# 9. 벗풀(택사과)

- 최근 들어 많이 늘어나고 있으며 발생기간이 길어 방제가 어려운 잡초이다.
- 지방에 따라서 당나귀지심, 가는 벗풀이라고 부르며 택사와 혼동하여 택사, 가는 택사라고 부르기도 한다.
- 주로 괴경으로 번식하나 일부는 종자로도 번식한다.
  - 괴경은 땅속 5~20cm까지 고르게 분포한다.
  - 괴경에는 눈이 1개만 있으므로 정지작업을 할 때 눈이 손상되면 재생이 안 된다.
- 괴경은 토양 깊이에 따라 출아기간이 달라 일시에 방제하기가 곤란하다.
  - 땅속 20cm에 형성된 괴경의 출아는 10~30일이 소요된다.
- 벼 포기 사이에 공간이 있으면 생육이 더 왕성하고 양분경합이 심하다.
- 괴경 수명이 짧기 때문에 1년만 철저하게 관리하면 발생량을 크게 줄일 수 있다.
- 왕우렁이로 방제가 가능하나 본엽이 발생하면 방제가 곤란해진다.

그림 9. 벗 풀

괴 경

토심별 발생양상

자 엽

다 자란 벗풀

벼와 경합

꽃

이삭

## 10. 올챙이고랭이 <sup>(사초과)</sup>

- 지방에 따라 올챙이골, 올챙고랭이, 골풀이라고 부르기도 한다.
  - 다년생잡초 올방개와 형태와 비슷하여 농가에서 식별하는 데 어려움이 있다.
- 주로 종자(일년생)로 번식하나 월동아(다년생)의 영양번식도 하기 때문에 생태적으로 다년생에 속한다.
- 혐기적인 조건에서 발아가 잘되기 때문에 친환경관리가 어려운 편이다.
- 자엽이 5개 정도 자라면 본엽이 길게 나오므로 본엽이 발생하기 전에 방제해야 벼와의 경합을 막을 수 있다.

그림 10. 올챙이고랭이

발생 초기(자엽)

본 엽

벼와 경합(직파)

벼와 경합(이앙)

종 실

# 11. 올미 (택사과)

- 지방에 따라 가죽재비라고 불리며, 생육 초기에 벗풀의 자엽과 모양이 비슷하다.
- 주로 토양 0~5cm 깊이에서 덩이줄기로부터 번식하며 종자로도 발생한다.
  - 써레질 후 4~6일경부터 출현되며 발생 후 50~60일에 새로운 덩이줄기를 형성하는데 주로 온도에 영향을 받는다.
- 3~4엽기에 분주를 시작하며 250배까지도 증식하기 때문에 빠른 속도로 번식한다.
  - 논바닥 전면적으로 발생할 경우 m²당 2,000~4,000개의 괴경을 형성한다.

**그림 11. 올 미**

괴경

벼와 경합

꽃

## 12. 새섬매자기 (사초과)

- 간척지에서 가장 많이 발생하는 다년생잡초로서 '매재기'라고 불리기도 한다.
- 주로 괴경과 종자로 번식하며, 괴경에는 3~6개의 눈이 있고 대부분 맹아력을 지니고 있으나 1~3개 정도만 출아한다.
  - 괴경의 출아 한계심도는 15cm이며 대부분 6cm 이내에서 90% 정도 출아한다.
- 뿌리줄기(근경)는 수평으로 자라면서 새로운 개체를 만들어 번식한다.
- 써레질 시기엔 전체 괴경의 30~40%가 출아되며 그 이후에는 10~15% 정도만 출아하며 초여름까지 출아를 마치고 이때까지 출아하지 않은 괴경은 휴면에 들어가기 때문에 한 번에 방제하기가 어렵다.

- 초봄부터 일찍 발생하고 생육속도가 빠르므로 충분히 발생시킨 후 2회 정도 정지작업을 하면 발생밀도를 낮출 수 있다.
  − 발생 초기에는 왕우렁이로 방제가 가능하나 발생밀도가 높거나 방사시기가 늦어지면 방제하기가 어려워진다.

그림 12. 새섬매자기

괴 경

어린식물

담수직파답 발생상황

종 실

# Ⅳ. 친환경 잡초 관리기술

## 1. 왕우렁이를 이용한 잡초방제법

- 우리나라 친환경농업 실천농가에서 가장 많이 사용하고 있는 생물적 관리의 대표적인 방법이다.
- **원리**: 물속에서 왕우렁이가 잡초를 먹이로 하여 뜯어먹는 습성을 이용한다.

### ✚ 왕우렁이의 생육특성

- 왕우렁이는 연체동물 복족류에 속하며 열대지방인 중남미, 아프리카 및 동남아시아 등 전 세계적으로 10속 약 120여 종이 있다.
- 수온이 20~33℃ 범위일 때 잘 자라며 생존 가능한 최저온도가 약 2℃이다.
- 아가미와 폐로 호흡하고 물에 산소가 부족하면 수면 위로 올라와 대기 호흡을 한다.
- 먹이는 수초를 비롯한 잡초, 곤충류, 수서동물의 사체, 과일, 곡물류 등으로 잡식성이다.
- 알에서 부화한 왕우렁이는 약 50일 정도 지나면 3g 정도가 되고 100일경에는 약 8g 정도가 되어 성패가 된다.
- 왕우렁이의 크기가 3~8g 사이일 때 가장 활동력이 왕성하다.
- 주로 밤에 먹이를 먹으며 이동거리는 짧은 편이다.
- 암수 이체로 생후 3개월이면 산란이 가능하며 잡초나 벼, 다른 식

물체에 산딸기(붉은색) 모양의 알을 붙여 산란한다.

- 보통 한 번에 500~700개의 알을 낳으며, 한 달 사이에 1,000~ 1,200개를 산란한다.

## ✚ 살포량(10a) 및 투입시기

- 왕우렁이의 중패는 kg당 250~300개 정도이며 치패는 2,000개 정도이다.
- 중패는 모낸 후 5~7일 이내(써레질 후 7~9일)에 3~5kg/10a을 투입한다.
- 치패는 정지작업 직후에 1kg/10a 투입한다.
    - **잡초방제효과:** 97% 이상이다.
    - 피, 물달개비, 올방개, 벗풀 등 대부분의 잡초가 잘 방제된다.

## ✚ 사용방법

- 왕우렁이는 토종 우렁이와 달리 껍데기가 약하기 때문에 취급에 주의해야 한다.
- 논에 살포할 때 논둑을 돌며 조심스럽게 뿌려주면 물을 따라 안쪽으로 이동한다.

## ✚ 주의사항

- 왕우렁이는 논에 물이 없으면 이동 폭이 좁아 잡초를 먹지 못하므로 논 표면이 드러나지 않도록 정지작업과 물관리에 주의해야 한다.

- 잡초가 없을 경우나 물이 너무 깊을 경우에 벼잎 또는 새끼치기를 하여 올라오는 벼를 가해할 수 있다.
- 논에 발생하는 잡초 중 여뀌와 물질경이는 먹지 않으므로 인력 제초해야 한다.
- 왕우렁이를 이용한 논에서는 다른 논으로 이동을 막기 위해 반드시 도피방지망 및 회수용망을 설치해야 한다.
- 전남 남부지방(해남, 고흥 등)에서 수로나 저수지에서 월동이 가능하다.
- 월동한 왕우렁이는 담수직파에 약 20% 정도, 이앙재배 4.7% 정도 피해를 끼친다.
- 월동이 가능한 지역에서는 수로나 저수지 등에 오리를 이용하여 왕우렁이의 밀도를 낮추어야 한다.
- 현재 왕우렁이는 환경부에서 생태계교란 2등급으로 지정되어 있다.

### ✚ 치패사용의 장점과 단점

- 써레질 직후 흙탕물 상태에서 살포하기 때문에 이앙 후 살포에 비해 간편하다.
- 성묘는 물론 어린모에 사용해도 벼 피해가 거의 없다.
- 피, 사마귀풀 등 초기 생육이 왕성한 잡초의 방제효과가 우수하다.
- 온도가 너무 낮거나 높을 경우 활동이 정지된다.
- 녹비작물이나 쌀겨에 의한 피해가 예상되므로 각별한 주의를 요한다.

| 처 리 | 피 | 물달개비 | 여뀌바늘 | 알방동사니 | 여 뀌 | 미국외풀 | 올챙이고랭이 | 올방개 | 벗 풀 | 계 |
|---|---|---|---|---|---|---|---|---|---|---|
| 왕우렁이 5일 | 100 | 100 | 100 | 100 | 1.4 | 100 | 100 | 100 | 100 | 97.5 |
| 왕우렁이 10일 | 80.5 | 100 | 100 | 100 | 2.8 | 100 | 100 | 100 | 100 | 89.4 |
| 왕우렁이 15일 | 36.6 | 72.7 | 95.8 | 100 | 1.0 | 100 | 38.7 | 94.5 | 100 | 57.6 |
| 잡초발생본수(/㎡) | 29.3 | 126.7 | 10.0 | 5.3 | 0.5 | 5.3 | 58.7 | 12.7 | 2.0 | 250.5 |
| 잡초발생량(g/㎡) | 56.5 | 40.1 | 13.0 | 1.1 | 3.4 | 0.4 | 10.2 | 7.9 | 2.7 | 135.2 |

**표 1. 왕우렁이의 방사시기에 따른 제초효과** (단위: %)

※ 왕우렁이의 중패 방사량: 5kg/10a; 조사시기: 이앙 후 50일
출처: 전라남도 농업기술원('07)

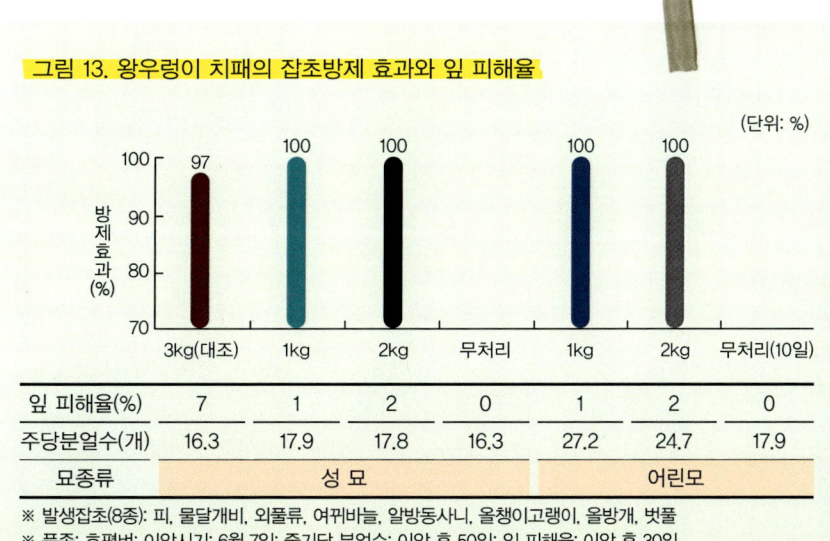

**그림 13. 왕우렁이 치패의 잡초방제 효과와 잎 피해율**

(단위: %)

|  | 3kg(대조) | 1kg | 2kg | 무처리 | 1kg | 2kg | 무처리(10일) |
|---|---|---|---|---|---|---|---|
| 방제효과(%) | 97 | 100 | 100 |  | 100 | 100 |  |
| 잎 피해율(%) | 7 | 1 | 2 | 0 | 1 | 2 | 0 |
| 주당분얼수(개) | 16.3 | 17.9 | 17.8 | 16.3 | 27.2 | 24.7 | 17.9 |
| 묘종류 | 성 묘 | | | | 어린모 | | |

※ 발생잡초(8종): 피, 물달개비, 외풀류, 여뀌바늘, 알방동사니, 올챙이고랭이, 올방개, 벗풀
※ 품종: 호평벼; 이앙시기: 6월 7일; 줄기당 분얼수: 이앙 후 50일; 잎 피해율: 이앙 후 30일

출처: 전라남도 농업기술원('09)

표 2. 왕우렁이의 종류별 잡초방제 비용

| 구 분 | 사용량<br>(kg/10a) | 단 가<br>(원/kg) | 투입비용<br>(원/10a) | 지 수 |
|---|---|---|---|---|
| 중패(250~300개/kg) | 3 | 5,500 | 16,500 | 100 |
| 중패(250~300개/kg) | 5 | 5,500 | 27,500 | 167 |
| 치패(2,000개/kg) | 1 | 12,000 | 12,000 | 73 |

※ '09 전라남도 왕우렁이 가격기준
출처: 전라남도 농업기술원('09)

## 그림 14. 왕우렁이의 잡초방제

제초광경(피)

제초광경(겨풀)

잡초방제효과

왕우렁이의 알

벼를 먹는 왕우렁이

왕우렁이의 피해

여 뀌

물질경이

## 2. 종이멀칭을 이용한 잡초방제법

이앙과 동시에 논 표면에 분해성 종이를 피복하여 잡초발생 억제하는
원리이다.

### ✚ 멀칭종이 제품의 규격

- 폭 190cm, 길이 200m, 두께 7/65㎛(수지/용지)로서 1롤이면 100

평의 논에 피복이 가능하다.

- 현재 멀칭종이 재료의 값이 10a에 약 10~20만 원 정도로 매우 비싸다.

## ✚ 사용방법 및 시기

- 이앙기에 멀칭종이를 부착하여 이앙과 동시에 사용하며 흙 표면에 잘 밀착시켜야 한다.
- 이앙하기 전 써레질 할 때 흙을 잘 고른 다음 2~3일 후에 물을 빼서 논흙이 두부모처럼 부드럽게 굳어야 한다.
- 논바닥에 물이 고이지 않아야 종이멀칭지가 논바닥에 잘 접촉된다.
- 이앙할 때 벼가 심어지는 깊이를 고르게 하기 위하여 경운했던 방향과 같은 방향으로 이앙해야 한다.

## ✚ 물관리

- 이앙 후 중간 물떼기 전까지 물깊이를 1~2cm로 얇게 관개해야 한다.
- 균일한 물관리를 위해서 경운과 써레질을 할 때 바닥을 고르게 해야 한다.

## ✚ 잡초방제 효과

잡초발생 밀도에 관계없이 93% 이상을 보인다(흑색이 백색보다 약간 높음).

## ✚ 주의사항

- 멀칭종이가 논바닥에 밀착되지 않으면 제초효과가 떨어진다.
- 물을 깊게 대면 종이가 떠오르면서 모를 덮어버려 벼 생육에 지장을 초래할 수 있다.
- 모를 이앙할 때 결주가 발생되면 보식이 곤란하다.
- 논바닥 물이 마르면 흑색종이의 경우 벼가 말라 죽는 경우도 있다.
- 이앙 후 이삭거름을 주는 시기까지는 논에 들어가지 않는 것이 좋으며 발로 밟으면 종이가 찢어져 잡초가 발생하는 단점이 있다.

**그림 15. 종이멀칭의 잡초방제**

멀칭종이

멀칭 광경

이앙 후 20일

이앙 후 50일

그림 16. 종이멀칭 재배 시 피해사례

고온피해

결주구에서 잡초발생

바람피해(종이 찢어짐)

# 3. 오리를 이용한 잡초방제법

- **원리**: 방사한 오리가 발아하는 잡초를 뜯어 먹거나 논바닥을 헤집으면서 잡초의 발아를 억제한다.
- **오리 종류**: 집오리와 청둥오리의 교잡종이 쓰인다.

**➕ 새끼오리 구입 및 사육**

- 새끼오리를 이앙 다음날 분양받아 2주일 정도 사육한다.
- 사료는 병아리용 또는 중병아리용을 먹인다.
- 먹이 주는 횟수는 하루 3회, 주는 양은 다음번 줄 때까지 다 먹을 정도로 준다.
- 청초 공급으로 풀을 먹는 습관을 들인다(화본과 제외).

**➕ 오리 방사량(10a) 및 물관리**: 25~30마리, 오리가 헤엄칠 수 있을 정도(약 7cm)가 적당하다.

**➕ 방사시기**: 모내기 후 7~14일 사이에 맑은 날 오전이 좋다.

**➕ 방사기간**: 약 2~2.5개월(6월 상순~8월 중순 벼이삭 패기 이전)

**➕ 잡초방제 효과**: 약 80~90% 정도이다(피는 잘 먹지 않는다).

## ✚ 주의사항

- 오리망 및 집을 설치한다(오리 이동 차단 및 천적으로부터 보호).
- 잡초가 많이 난 곳에 사료를 뿌려주어 오리를 유인해야 한다.
- 조류인플루엔자의 발생에 대해 현실적인 대책이 없다.

**그림 17. 오리의 잡초방제**

오리망과 오리집

벼 생육 초기의 오리들

잡초를 먹고 있는 오리들

# 4. 중경제초기를 이용한 잡초방제법

- 친환경적 잡초방제 방법 중 환경영향이 가장 적은 방법이며 영농의 규모, 발생 잡초 상황 등을 고려하여 개별 농가의 실정에 맞게 이용해야 한다.
- 벼 생육 중기에도 적용이 가능하므로 다른 친환경농법들과 병행하여 사용 가능하다.
- **원리**: 기계제초기를 이용하여 물리적으로 잡초를 땅속에 매몰한다.

## ✚ 사용시기 및 방법

- 기계제초의 효과를 거두기 위해서는 물을 깊이 대는 심수재배가 잡초관리에 유리하다.
- 1차 제초작업은 이앙 후 15일~20일 사이(잡초 엽령 2~3엽 이내)에 실시한다.
- 2차 제초작업은 1차 제초작업 후 7~10일 후가 좋다.
- 제초작업을 할 때 수심은 1~2cm로 얕게 해야 잡초를 완전히 뽑고 동시에 토양 속으로 묻히게 해야 한다.

## ✚ 기계제초기 능력

- 보행용 제초기는 하루 제초능력이 0.1ha 정도로 효율이 낮다.
- 승용 6조식 기계제초기(일본 도입)는 0.7ha로 작업 효율은 높으나 기계가격이 비싸다.

### ✚ 잡초방제 효과

벼 포기 사이에 발생한 잡초는 방제하기 어렵기 때문에 50~75% 정도이다.

### ✚ 주의사항

- 다년생잡초보다 일년생잡초에 대한 효과가 높고 잡초발생이 적은 곳에서 적용하는 것이 유리하다.
- 제초기 종류별로 2~6줄을 동시에 작업하므로 줄이 잘 맞지 않거나, 논토양이 딱딱할 경우, 기계가 선회하는 곳에서는 벼의 많은 손상이 크기 때문에 기계 기계제초기를 다루는 데 세심한 주의와 고도의 숙련된 기술이 필요하다.

**그림 18. 중경제초기의 잡초방제**

조간 제초

제초 광경

방제 미흡(주간)

매 몰

선회지점 피해

# 5. 쌀겨를 이용한 잡초방제법

- **원리**: 쌀겨가 분해되면서 토양의 표면을 일시적으로 강한 환원상
태로 변하게 함으로써 잡초 종자의 발아를 억제한다.
- 쌀겨에는 식물호르몬의 일종인 앱시식 산(Abscisic acid: ABA)이
들어 있어서 잡초의 생장을 억제한다.

## ✚ 사용시기 및 방법

- 1회 처리하는 경우, 모를 이앙한 후 4~5일경에 10a당 약 200kg
정도 살포한다.
- 2회 살포하는 경우, 1차로 본답 준비기간이라고 할 수 있는 논갈이
직전에 10a당 100~200kg 살포하고 이앙한 후 4~5일경에 2차로
100kg 정도 살포한다.

## ✚ 잡초방제 효과

- 30~60% 정도로 변동폭이 크다.
- 광엽 잡초에 대한 억제효과는 어느 정도 기대할 수 있다.
- 피와 같은 화본과 잡초는 생육지연 효과만 있다.
- 피를 비롯해 물달개비, 올챙이고랭이, 올방개에 대한 효과는 미흡
한 편이다.

## ✚ 주의사항

- 쌀겨가 한쪽으로 몰릴 경우나 물을 깊게 대면 모 생육에 피해가 발생(담수심은 벼 키의 2/3 정도 잠길 정도가 좋다)할 수 있다.
- 가루살포는 노동력이 많이 들고 바람에 날리는 등 작업하기에 불편한 점이 있다.
- 살포 후 약 2주간 논 주변에 악취가 발생한다.
- 모가 어릴 경우 피해가 심할 수 있다(30~35일 묘가 적당하다).

**그림 19. 쌀겨의 잡초방제**

펠릿 쌀겨

쌀겨 살포(미스트기)

쌀겨 효과

쌀겨 살포 후 초기 벼 생육

- 벼 친환경재배 농가에서 잡초관리는 예방적 관리나 경종적 관리보다는 왕우렁이, 쌀겨, 오리, 종이멀칭, EM당밀, 기계제초 등을 이용한 생물 및 유기자원을 주로 활용하고 있다. 이러한 잡초관리기술은 방제효과가 뛰어나지만 한 가지 특정 방법이나 농자재를 지속적으로 사용하게 되면 우리가 예상치 못한 많은 문제점들이 발생할 수 있다. 그러므로 농가에서는 한 가지 방제기술이 아닌 다양한 잡초관리기술을 통해 보다 근본적인 친환경 잡초관리를 해야 한다.

# Part 07

•

재해 관리

# Ⅰ. 온도장해 관리기술

벼는 생육에 알맞은 온도보다 낮거나 높으면 벼 생육 시에 지장을 초래하게 된다.

## 1. 냉해

### ✚ 냉해의 원인

- 벼 냉해는 낮은 온도에 의한 피해를 의미하나 수확량 감소가 없는 것은 '저온장해'라고 하고 낮은 온도의 결과로 수확량이 감소한 경우에만 '냉해'라고 말한다.
- 벼 냉해는 우리나라 북서쪽 시베리아기단('71년 냉해) 또는 북동쪽 오호츠크해기단('80년, '93년 냉해)이 남하하면서 발생한 낮은 온도에 의해 나타나는 현상이다.

### ✚ 냉해의 요인 및 종류

**(1) 냉해의 환경 요인**

- **온도**: 냉해가 유발되는 제일 큰 요인은 저온으로, 단기간의 저온은 비교적 피해가 적지만 그 기간이 길어지면 피해의 양은 급격히 늘어나게 된다.

- **일사(日射):** 일사는 직접적으로 냉해 피해를 주지는 않지만 일사량이 부족하면 냉해의 피해는 더욱 커질 수 있다.
- **양분:** 벼는 질소시비량이 적은 경우와 인산의 시비량이 충분한 경우에는 냉해가 왔을 때 상대적으로 불임률이 낮아지고 질소시비량이 증가한 경우에는 불임률이 높아진다.
- 퇴비 시용이 충분한 논은 냉해가 왔을 때 그 피해가 크게 감소되므로 퇴비의 시용도 냉해의 피해를 줄일 수 있는 주요한 요인이 된다.

표 1. 연도별 벼 냉해 피해면적

| 연 도 | 피해면적(천ha) | 비율(%) | 연 도 | 피해면적(천ha) | 비율(%) |
|---|---|---|---|---|---|
| '69 | 36 | 2.9 | '80 | 783 | 64.2 |
| '71 | 176 | 14.1 | '84 | 1 | 0.1 |
| '72 | 14 | 1.1 | '88 | 11 | 0.9 |
| '75 | 1 | 0.1 | '93 | 208 | 18.3 |
| '76 | 9 | 0.7 | '03 | 8 | 0.8 |

출처: 농림수산식품부('04)

## (2) 냉해의 종류

- 벼 냉해의 종류는 저온의 발생시기가 어느 벼 생육시기에 해당하느냐에 따라 주로 '지연형 냉해', '장해형 냉해' 및 '혼합형 냉해'의 3가지 형태로 분류된다.
- **지연형 냉해:** 지연형 냉해란 저온에 의해 모낸 후 초기생육이 늦어지는 경우와 저온에 의해 어린이삭의 발육이 늦어져서 결국 저온에 의해 출수가 늦어지는 현상을 말한다.
  그 피해로 등숙비율이 저하되고 낟알의 무게가 적어지는데, 그 실질적인 원인은 영양생장기에 냉해에 의해 출수가 늦어져 등숙이 늦어지기 때문이다.

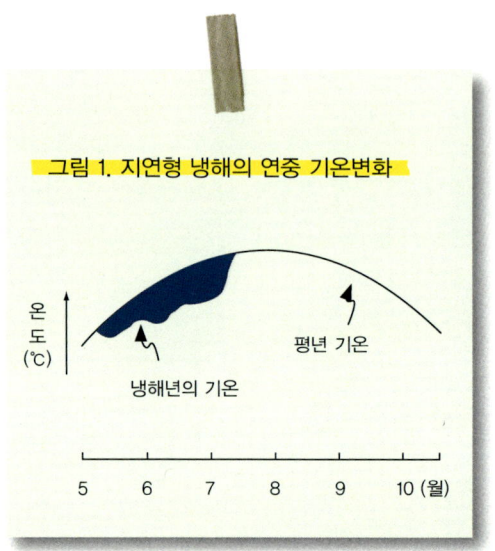

그림 1. 지연형 냉해의 연중 기온변화

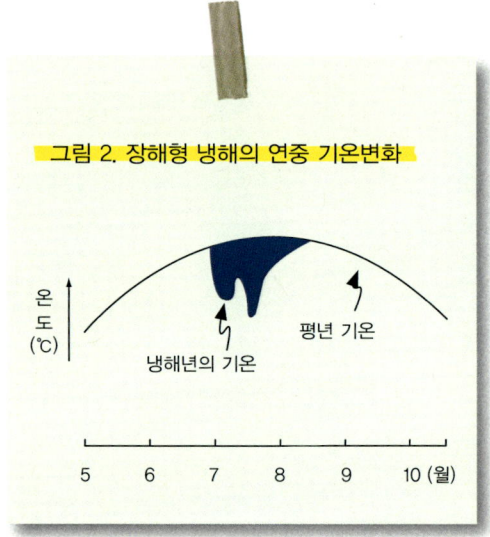

그림 2. 장해형 냉해의 연중 기온변화

- **장해형 냉해:** 장해형 냉해는 어린 이삭이 생기는 시기와 벼이삭이 패는 시기(출수기)인 생식생장기에 지속적인 저온으로 인하여 벼의 꽃가루 발달에 장해를 주어 수정이 방해되어 불임현상을 일으키는 것을 말한다.
- **혼합형 냉해:** 지연형 냉해와 장해형 냉해가 겹쳐서 발생하는 경우로 혼합형 냉해 또는 복합형 냉해라고 한다.

혼합형 냉해의 대표적인 예는 '80년에 벼 수확량이 평년의 63%, '93년에는 수확량이 평년의 93% 수준이었던 것을 들 수 있다.

**표 2. 벼 생육시기별 저온장해 온도와 냉해현상**

| 생육시기 | 최적온도(℃) | 장해온도(℃) | 피해 양상 |
|---|---|---|---|
| 못자리 이전(출아) | 30~32 | 15 | 발아 및 생육불량 |
| 못자리 기간(치상 후) | 20~25 | 15 | 생육불량,<br>뜸묘 및 입고병 발생 |
| 이앙기 | 15~30 | 13 | 이앙이 늦어지고,<br>이앙 후 뿌리내림 불량 |
| 본답초기~가지치기 | 26~33 | 15 | 생육 지연, 적고,<br>가지치기 숫자 감소,<br>어린이삭 발달 지연 |
| 어린이삭 형성기 및<br>감수분열기 | 20~33 | 17 | 출수 지연, 불임유발,<br>꽃가루 발육 장해 |
| 출수기 | 21~30 | 15 | 출수 지연, 개화 지연,<br>수정불량, 불임 유발 |
| 등숙기 | 19~27 | 14 | 등숙 불량, 등숙 지연,<br>미질 저하 |

## ✚ 냉해 경감대책

### (1) 사전대책

- **적품종 선정**: 냉해 상습지역에서는 내냉성이 강한 조·중생종 중에서 2~3품종을 고루 재배하여 저온피해를 최대한 회피하도록 한다.
- **재배양식 조정**: 냉해상습지 또는 냉해가 우려되는 지역에서는 중묘에 비하여 출수기가 늦어지는 어린모나 직파재배는 지양한다.
- **적기이앙**: 모내기는 적기 내에서 가능하면 일찍 마친다.
- **재식밀도**: 이삭수 확보를 위해 3.3㎡당 110~130포기를 밀식시킨다.
- **시비방법**: 규산(200~300kg/10a) 및 유기물을 시용한다.
- **시비법 개선**: 질소비료를 15% 정도 적게 주고, 인산과 칼리는 20~30% 정도 많이 준다.

### (2) 사후 또는 냉해우려 시 대책

- **물관리**: 찬물은 비닐튜브를 100m 이상 통과시키거나 돌림도랑을 이용하여 물 온도를 높인다.
- 벼알이 배기 시작할 때 물을 깊이 대어 어린이삭을 보호한다.
- **엽면시비**: 출수 15일 전 또는 출수기에 다찌○○ 500배액을 살포, 출수 후 10일에 인산과 칼리 200배액(0.5%)을 살포, 출수기에 망간 2,000배액(0.05%)을 살포한다.

## 2. 고온해

### ✚ 고온장해

- 벼의 고온 장해는 온대지방인 우리나라에서는 발생할 수 있는 빈도수가 매우 적고 대부분이 열대지역의 건기(Dry Season)재배에서 발생하는 기상재해이다.
- 벼 재배에서 고온의 한계온도는 30~35℃ 전후이나, 생육단계에 따라서 차이가 있어 발아기는 45℃로 가장 높고 등숙기가 30℃로 가장 낮은 온도 범위를 보여주고 있다.

### ✚ 고온장해 발생 양상

- 벼는 재배기간 중 한계 이상의 고온에 처하게 되면 먼저 광합성 작용이 저하되나, 호흡작용은 높은 온도에서도 감소하지 않고 계속

유지되어 식물체의 양분이 과다하게 소모된다.

- 고온장해 발생 양상은 과도한 양분 소모로 벼 체내의 영양상태가 극도로 불량한 경우와 또 고온에 의하여 수분흡수량보다 증발량이 많아 위조가 발생할 수 있다.
- 또한, 고온으로 인한 철분의 침전으로 엽록소 생성 장해, 호흡이상 현상으로 유기산 발생, 질소대사 이상으로 암모니아 발생 등 유독 물질 생성에 의한 피해현상이 발생한다.

표 3. 벼 생육시기별 고온 피해 증상

| 생육시기 | 고온 피해 증상 |
| --- | --- |
| 발아기 | 발아 불량 |
| 영양생장기 | 잎 선단 백화, 줄무늬 또는 반점 변색, 초장 및 분얼감소 |
| 생식생장기 | 백색 영화, 영화수 감소, 출수 지연 |
| 출수개화기 | 불임 현상 |
| 등숙기 | 등숙 정지, 입중 감소 등 |

출처: IRRI(International Rice Research Institute, '75)

- 벼는 모든 기상재해에서와 같이 고온조건에서도 감수분열기부터 출수기에 불임 발생에 의한 피해가 가장 심하게 나타난다.

### ✚ 고온장해 경감대책

- 고온하에서도 불임률이 낮은 품종 중에서 2~3개 품종을 선택한다.
- 우리나라 벼 품종의 고온(37℃)에서 불임현상을 조사한 결과 진미 벼, 화성벼와 동진벼는 다른 품종에 비하여 불임비율이 낮았다.

**표 4. 품종별 고온처리에 의한 불임비율**

| 품종명 | 불임비율(%) | |
|---|---|---|
| | 37℃ | 40℃ |
| 진미벼 | 13.5 | 28.2 |
| 화성벼 | 17.4 | 50.4 |
| 일품벼 | 37.7 | 44.4 |
| 동진벼 | 15.6 | 53.7 |

※ '95~'96 작물시험장(국립식량과학원의 이전명칭)

- 육묘기간 중에는 비닐하우스나 터널 내의 통풍 관리에 유의해서 적정온도를 관리해야 한다.
- 시비방법으로는 고온에서 흡수가 억제되는 규산과 칼리를 증시해야 한다.

# Ⅱ. 풍수해 관리기술

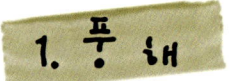
**1. 풍해**

## ✚ 풍해의 종류

- 풍해는 태풍이 올 때 수반되는 강풍에 의한 피해이고, 태풍이 통과하는 지역에서는 염분이 포함된 바람이 불어올 때 피해를 입는 조풍해, 높은 산맥이 있을 때 산을 넘어오면서 고온 건조한 바람(Föhn풍)에 의한 피해로 구별할 수 있다.

표 5. 연도별 풍수해 발생면적

| 연 도 | 피해면적(천ha) | 연 도 | 피해면적(천ha) | 연 도 | 피해면적(천ha) |
|---|---|---|---|---|---|
| '70 | 172 | '89 | 107 | '97 | 41 |
| '75 | 50 | '90 | 122 | '98 | 235 |
| '80 | 105 | '91 | 57 | '99 | 154 |
| '85 | 111 | '93 | 39 | '01 | 18 |
| '86 | 102 | '95 | 85 | '02 | 56 |
| '87 | 399 | '96 | 33 | | |

※ 10,000ha 이상 피해발생 연도만 표시
출처: 농림수산식품부('96)

## ✚ 각종 풍해의 실태

### (1) 태풍의 발생시기 및 유형

우리나라에 부는 태풍은 주로 7~9월에 발생하며 이때는 우기와 일치하여 큰 피해를 입게 되는데 이중 동중국해상에서 북동진하여 우리나라 중서부해안에 상륙, 중부지방을 관통하여 동해로 빠져나가는 Ⅱ형(표 6)의 피해가 가장 크다.

표 6. 우리나라 태풍출현 시기

| 진로유형 | 6월 | 7월 | 8월 | 9월 | 10월 | 계(%) |
|---|---|---|---|---|---|---|
| I (경남지역) | 3 | 6 | 16 | 7 | 2 | 34(13.2) |
| II (호남→강원) | 2 | 20 | 29 | 7 | 1 | 59(25.0) |
| III (기호→강원) | 5 | 16 | 25 | 20 | 1 | 67(26.0) |
| IV (대마도) | 3 | 12 | 16 | 27 | 2 | 60(23.3) |
| V (서해북진) | – | 15 | 7 | 2 | – | 24(9.0) |
| 이상진로 | – | 5 | 6 | 2 | – | 13(5.0) |
| 계(비율) | 13(5.0) | 74(28.7) | 99(38.5) | 65(25.3) | 6(2.3) | 257(100) |

※ 1904~1989(86개년간)
출처: 농림수산식품부('91)

### (2) 태풍(폭풍)의 피해

- 태풍에 의한 벼의 피해는 출수 후 3~5일경이 가장 크며, 이때의 피해 양상은 불임률 증가로 나타난다.
- 등숙 초·중기의 태풍은 벼알을 변색시키고 등숙률을 저하시키며, 흰잎마름병의 발생 및 벼멸구의 피해 등도 태풍의 영향으로 발생하는 2차적 피해에 해당한다.

### (3) 조풍해

- 태풍이 통과하는 지역 중 염분이 포함된 바람으로 인한 피해를 조풍해(潮風害)라고 한다.
- 조풍의 피해는 잎의 끝부분이 흰색으로 마르고 바람이 닿지 않는 부분은 녹색으로 남아 있는 것이 특징이며, 출수기를 전후하였을 때는 논 전체가 이삭이 희게 마르는 증상(백수현상)을 보이거나 벼의 줄기가 마르거나 벼알이 갈색으로 변한다.

## (4) 건조풍해

- 습기를 많이 함유한 바람이 산을 넘을 때 비를 뿌리고 반대쪽으로 내려올 때는 고온 건조한 바람(Föhn풍)이 되어 벼의 수분을 빼앗거나, 출수 직후에 벼이삭이 하얗게 마르는 것을 백수현상이라고 한다.
- 백수현상 또는 백화영현상은 고온(온도 25℃ 이상) · 저습(습도 65% 이하)한 강풍(풍속 8m/초 이상)에 의해 짧은 시간 동안 벼가 많은 수분을 빼앗겨 이삭부분이 하얗게 변하게 된다.
- 건조풍은 수량 감소뿐만 아니라 쌀 품질에도 큰 영향을 끼치는데 피해립은 임실 비율이 떨어지고, 착색미 및 사미 비율이 현저히 증가하는 양상을 나타낸다.

### 표 7. 건조풍 통과에 따른 흰이삭비율(백수율) 및 수량감소 정도 (단위: %)

| 통과시기 | 백수율 | 수량감소 |
|---|---|---|
| 출수 전 6일 | 5 이상 | 5 이하 |
| 출수 전 3일 | 10 | 20 |
| 출수기 | 1.35 | 40 |
| 출수 후 3일 | 45 | 60 |
| 출수 후 6일 | 20 | 30 |

출처: 농촌진흥청('88)

## ✚ 풍해경감 대책

### (1) 사전대책

- 방풍림을 설치한다.
- **내풍성 품종의 선택**: 동해안에서 풍해가 잦은 지역은 영덕벼, 내풍벼 등 내풍성 품종을 심는다.
- **재배적 조치**: 질소비료의 과다사용을 지양하고, '3요소 비료(질소, 인, 칼륨)'를 골고루 시비한다.
- 태풍통과가 예상될 때는 관개 수심을 깊게 하여 흰이삭 발생 및 도복을 방지한다.

### (2) 사후대책

- **수분공급**: 태풍통과 후 흰이삭이나 변색 이삭이 발생되면 6시간 이내에 동력분무기를 이용하여 10a당 물 600L 이상을 살포하여 등숙률을 향상시킨다.
- **병해충 방제**: 2차적으로 따라오는 벼 흰잎마름병과 멸구류 방제를 철저히 한다.

## 2. 침·관수 피해

### ✚ 침·관수 피해

　식물체 일부가 수면 위에 노출된 상태인 침수피해와 식물체 전체가 물에 잠긴 상태인 관수피해를 합하여 이른다.

### ✚ 침·관수 피해의 유형분류

- 침·관수 피해 정도는 ① 침·관수 기간, ② 물 흐름의 정도, ③ 물의 온도, ④ 수질 등에 따라 다르다.
- 침관·수 피해 정도는 침·관수 기간이 길 때 피해가 커지며 '침수 〈 관수, 맑은 물 〈 흐린 물, 흐르는 물 〈 정지된 물, 온도가 낮은 물 〈 온도가 높은 물'에서 피해가 크다. 또한 이들이 복합되었을 경우 그 피해는 가중된다.
- 벼의 생육시기별로는 '감수분열기 〉 출수기 〉 어린이삭 형성기 〉 가지치는 시기' 순으로 피해 정도가 다르다.

표 8. 벼 생육단계별 침관수 피해 양상

| 생육단계 | 피해 양상 |
|---|---|
| 이앙 직후 | 잎, 줄기의 길이가 커짐 → 도복, 말라죽음 |
| 가지치는 시기 | 가지치는 시기가 늦어짐 → 출수가 늦어지고 이삭 수 감소 |
| 어린이삭 형성기 | 벼알 분화 감소, 어린이삭이 마름 → 이삭 수와 벼알 수 감소 |
| 감수분열기~출수기 | 불임 발생, 이삭이 마름 → 출수가 늦어지고 이삭 수 감소 |
| 등숙기 | 발육 정지된 벼알 수 증가 → 등숙비율, 천립중, 수량 감소 |
| 성숙기 | 수발아, 쇄미, 청미증가 → 품질 저하, 수량 감소 |

## ✚ 침·관수 피해 경감대책

### (1) 사전대책

- **적품종 선정**: 출수기가 다르고 침·관수저항성이 있는 2~3품종을 고루 재배한다.
- **시비방법**: 질소질비료는 20~30% 적게 주고 규산과 칼리비료는 20~30% 많이 준다.
- **배수로 정비 및 물꼬 관리**: 집중호우가 예상되면 배수로 정비로 물 빠짐을 좋게 하고 물꼬를 여러 군데 설치하여 논에 물이 차서 오래 머물지 않고 배수가 되도록 조치한다.

### (2) 사후대책

- **침·관수 논 조기배수**: 침·관수된 논은 식물체가 노출되도록 조기에 배수를 실시한다.
- **흙앙금과 오물 씻어주기**: 잎과 줄기에 묻은 흙앙금이나 오물을 씻어서 제거한다.
- **완전배수 후 새물 걸러대기**: 논에 물이 완전히 빠지고 나면 새물로 걸러대기 하여 뿌리활력을 높이고 특히 이삭을 뺐을 때에는 논을 말려서는 안 된다.
- **병해 방제**: 침·관수된 벼는 물을 뺀 후, 즉시 흰잎마름병과 도열병 등 살균제를 이용해 철저히 방제한다.

# Ⅲ. 도복 및 수발아 관리기술

## 1. 도 복

### ✚ 도복 발생원인

벼 도복은 태풍, 강우 등 기상환경에 크게 영향을 받을 뿐만 아니라 재배양식, 시비기술, 파종량, 물관리 등의 재배기술과 품종에 따라 도복 양상과 그 피해 정도가 다르다.

### (1) 품종 · 형태적 원인

- 도복이 쉽게 되는 벼는 대체로 키가 크고 줄기가 가늘며 아랫마디 (하위절간: 위에서 3~4번째 줄기)가 지나치게 길게 신장된다.
- 상위 잎새(엽신)가 길고 가늘어지고, 출수 후에 줄기를 싸고 있는 잎집(엽초)이 쉽게 노화되며, 뿌리가 논 표면에 많이 분포한다.

### (2) 재배양식에 따른 도복

- 도복 정도는 재배양식에 따라 차이가 있는데 '담수손뿌림 〉 무논골 뿌림 〉 건답줄뿌림 〉 이앙재배' 순으로 도복이 잘된다.
- 담수손뿌림재배는 주로 전복형(뿌리도복) 도복이, 무논골뿌림과 건답줄뿌림재배는 주로 만곡형 도복이 발생한다.

## ✚ 도복의 형태 및 피해양상

### (1) 도복의 형태

- **좌절형 도복**: 우리나라에서 흔히 볼 수 있는 도복으로 줄기의 아랫부분이 부러져 도복되는 것으로 회복이 어렵고 도복의 종류 중 수확량 감소가 가장 많다.
- **만곡형 도복**: 줄기가 가늘고 강한 특성을 지닌 품종에서 발생하는 도복으로 줄기의 아래부위가 굽어 이삭이 땅에 닿는 형태의 도복으로, 등숙 초기에 발생하면 어느 정도 회복이 되며 수확량의 감소는 적다.
- **뿌리도복**: 뿌리부분이 약하여 줄기가 굽거나 부러지지 않으면서 토양표면에서 도복되는 것으로 담수표면 직파재배에서 많이 발생한다.
- **분얼도복**: 벼가 익어감에 따라 이삭이 무거워 발생하는 도복이다.

### (2) 도복의 영향

- 도복은 광합성과 양분의 이동을 저해하여 등숙불량을 야기하여 수확량과 품질을 떨어뜨린다.
- 수발아를 수반한 경우 피해가 크며, 콤바인에 의한 수확작업의 능률이 크게 낮아지고 도복의 피해는 도복시기가 빠를수록, 도복의 각도가 클수록 현저히 나타난다.

표 9. 등숙기의 도복시기에 따른 수량감수율과 등숙률

| 구 분 | 감수율(%) | 등숙비율(%) | 현미의 천립중(g) |
|---|---|---|---|
| 유숙기 | 34 | 47 | 17.2 |
| 호숙기 | 21 | 61 | 18.9 |
| 황숙기 | 20 | 70 | 18.9 |
| 무도복(대조구) | 0 | 82 | 19.0 |

## ✚ 도복의 대책

### (1) 품종

- 내도복성 품종은 단간이며 줄기가 굵고 간벽이 두껍다.
- 도복은 담수직파에서 문제시 되고 있어 직파적응품종을 선정하는데, 내도복성이 강한 품종의 선발기준은 단간이면서 뿌리의 분포가 수평분포보다 수직분포인 것이 바람직하다.

### (2) 재배법

- 질소시용량이 지나치게 많을 경우 벼가 도복될 가능성이 크므로, 질소시용량은 수량이 크게 떨어지지 않는 한 적게 시용하는 것이 좋다. 토양검정에 의한 진단시비 또는 지역별 질소표준시비량을 준수하는 것이 바람직하다.
- 질소질비료의 수비시용시기는 출수 전 25일(유수형성기)보다 빠르면 하위절간의 길이를 신장시켜서 도복을 유발하므로 적기(출수 전 25일)에 수비 시용한다.
- 칼리질비료나 규산질비료는 잎과 줄기 조직을 단단하게 함으로써

좌절강도를 높여 내도복성을 증대시킨다.

- 재식방법은 밀식이나 한 포기 내 재식모수가 지나치게 많으면 하위절간이 연약해져 도복이 잘되므로 과다한 밀식을 하지 않도록 한다.
- 물관리는 알맞은 시기에 물 걸러대기나 중간 물떼기를 실시하여 지상부 생육의 지나친 분얼발생을 방지하면서, 뿌리의 생장 및 활력을 높여준다.

## 2. 수발아

### ✚ 수발아의 정의

벼 등숙기에 고온다습 조건에 처하게 되거나, 도복으로 이삭이 지면에 닿게 되면 벼이삭을 구성하는 벼알이 싹이 트는 현상을 수발아라고 한다.

### ✚ 수발아 발생조건

- 벼 수발아는 조기이앙에서 출수 후 30~45일에 등숙이 진전될수록, 이삭의 상부보다 하부에서, 이차지경보다 일차지경에서, 보비재배보다 다비재배에서, 강우가 빈번하여 공중습도가 높을 때 발생이 심해진다.
- 수발아는 휴면성과 높은 상관을 갖는데 통일형 품종은 자포니카형 품종보다 휴면성이 강하여 수발아 발생이 적다.

## ✚ 수발아 경감대책

수발아가 안 되는 품종을 선택해야 하며, 재배 면에서는 균형시비 및 적절한 물관리로 등숙기에 벼의 생육이 건실하면, 도복이 되지 않고 수발아의 발생도 줄일 수 있다.

# Ⅳ. 가뭄해 관리기술

## 1. 가뭄해의 정의

가뭄해(한해)란 수분부족에 의한 벼의 생육장해인데 가뭄으로 수분부족을 일으키는 정도의 차이는 관개시설의 정비조건과 토양조건에 따라 다르게 나타난다.

**표 10. 연도별 가뭄(한발) 피해 발생면적**

| 연 도 | 피해면적(천ha) | 연 도 | 피해면적(천ha) | 연 도 | 피해면적(천ha) |
|---|---|---|---|---|---|
| '65 | 74 | '75 | 24 | '82 | 54 |
| '67 | 229 | '76 | 41 | '92 | 18 |
| '68 | 310 | '77 | 64 | '94 | 64 |
| '73 | 48 | '78 | 28 | '95 | 7 |

※ 10,000ha 이상 피해발생 연도만 표시
출처: 농림수산식품부('96)

## 2. 가뭄해의 발생요인

- 가뭄해는 토양함수량이 적은 사질토양이 점질토양에 비해 피해를 받기 쉬우며 토양 중 유기물함량이 많으면 토양의 수분보유력을 높여 가뭄해를 경감시킨다.
- 비료 중 인산이 부족하거나 질소가 많으면 가뭄해를 조장하나 칼리의 영향은 적다.

## 3. 가뭄해의 방지대책

- **사전대책**: 수리불안전 논, 천수답, 저수율 부족지역 등에서는 관정과 양수기를 이용하여 물가두기를 실시하고, 용수확보 불가능 지역에서는 건답직파재배나 늦모내기를 실시한다.
- **품종선정**: 한발 상습지역에서는 내한발성 품종을 선택하고, 한발로 인하여 파종 및 이앙시기가 늦어질 경우에는 내만식성 품종을 선택하여 재배한다.
- **물관리**: 벼가 가뭄 피해를 입기 쉬운 시기는 '감수분열기 〉 출수 개화기 〉 등숙초기 〉 어린이삭 형성기' 순이므로 이 시기는 물을 충분히 댄다. 다른 시기에는 최대용수량의 70~80%로도 충분하므로 이 시기에는 절수재배를 실시한다.
- 벼 재배에서 규산질비료는 수분증산을 30%까지 억제하므로 한발 시에 효과적인 재배수단으로 이용한다.
- **예비모 준비**: 늦심기에 강한 내한발성 품종의 종자를 10a당 5~6kg 확보하고 준비된 모가 노화하여 이앙이 불가능하면 파종하

여 어린모로 대체한다.

- **이앙 및 시비방법:** 만식할 때는 밀식(110~130포기/평)하면서 주당 포기수(6~7개/포기)를 늘린다.
- 만식할 때는 생육기간이 짧고 건토 효과가 있으므로 질소거름을 20~30% 줄여주되 전체 시비량의 80%를 밑거름으로 시비하고 나머지는 이삭거름을 시용한다.
- **대파작물 재배:** 모내는 시기가 늦어 모를 못낸 논에는 메밀, 팥, 녹두, 시금치, 열무, 가을감자, 엇갈이배추, 사료작물 등을 대파한다.
- **가뭄해의 종합방제:** 기본대책은 치산치수에 의한 관개수원의 확보이나 일반대책은 가뭄피해 상습지에서는 내만식성 품종의 선택과 계획적인 만파·만식재배를 위한 육묘가 필요하다.
- 토양관리는 퇴비를 많이 주어 토양의 보수력을 증대시킬 것이며, 질소를 줄이고 인산과 규산을 늘린다.
- 특히 절수재배로서 벼의 가뭄견딤성을 기르도록 하며, 만식 시에는 밀식·소비하도록 유의해야 한다.

**Part 08**

•

수 확 및 수 확 후 관 리

# Ⅰ. 수확

## 1. 수확시기

- 수량이 높고 품질이 좋은 쌀을 생산하기 위해서는 적기에 수확하는 것이 필수적이다.
- 벼의 수확적기는 외관상으로 한 이삭의 벼알이 90% 이상 황색으로 변하였을 때로, 특히 이때 상위엽(지엽)이 녹색을 띠고 있다 하더라도 벼알의 색깔을 보고 황숙되었으면 수확해야 한다.
- 수확을 너무 일찍 하면 청미 또는 불완전 등숙미가 많아져서 감수를 면치 못하며, 이와 반대로 너무 늦으면 색택이 나빠지고 동할미가 많아진다. 또한 새, 쥐 등에 의한 피해를 받기 쉬워 도복(쓰러짐)이 생기는 등 감수될 뿐만 아니라 수확에 많은 노력이 소요된다.

#### ······ 동할미(胴割米)란? ·····················

- 주로 급속한 건조와 흡습 등으로 균열(금)이 생긴 쌀알로, 정미 시에 쇄미(싸라기)를 발생시켜 품질저하를 야기한다.

표 1. 벼 출수기별 수확적기

| 출수기 | 품종 | 출수 후 일수 |
|---|---|---|
| 7월 하순~8월 상순 | 극조생종 | 45일 |
| 8월 상순 | 조생종 | 45~50일 |
| 8월 중순 | 중생종 | 50~55일 |
| 8월 하순 | 중만생종 · 만식 | 55~60일 |

## 2. 수확작업

- 콤바인 수확작업은 인력수확에 비하여 최소 50배 이상의 효율성이 있으며 우리나라는 현재 99.7% 이상을 콤바인에 의해 수확하고 있다.

- 콤바인 작업 속도가 과도하게 빠르면 통에 투입되는 벼의 양이 많아져 이를 탈곡하는 과정에서 탈곡통의 회전수가 올라가 벼알에 가해지는 충격량이 커져서 벼가 깨지는 등 손상립의 비율이 높아져 미질의 저하를 가져올 수 있다.

- 적당한 탈곡통의 회전수는 1분에 500회전 정도이며 특히 채종용은 300~350회전이 적당하다. 이를 콤바인의 진행 속도로 환산하면 1시간에 8km 정도의 속도이다.

- 유기재배용으로 채종할 경우에는 콤바인으로 수확 탈곡하는 것보다 낫으로 베어 작은 다발로 묶어 말렸다가 작은 탈곡기로 탈곡통의 회전수를 낮추어 탈곡하는 것이 바람직하다.

# Ⅱ. 수확 후 관리

## 1. 건조

### ✚ 건조의 원리

#### (1) 건조란?

- 농산물의 변질을 방지하고 저장성과 가공성을 향상시키기 위하여 생산·수확한 농산물의 수분을 제거하는 것을 말한다.
- 물벼(채 말리지 않은 벼)의 수분함량을 25% 내외로 그대로 저장하면 변질 우려가 높다.
- 건조에 소요되는 에너지는 제거해야 할 수분함량에 비례하여 증가한다.

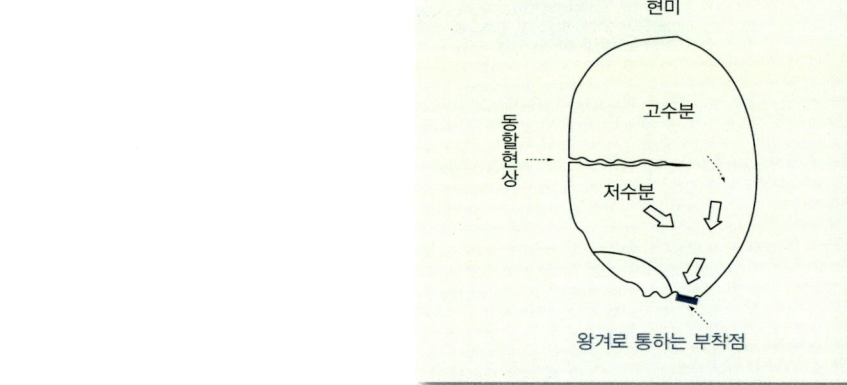

그림 1. 급격한 건조에 의한 동할립 발생

현미

고수분

동할현상

저수분

왕겨로 통하는 부착점

## (2) 건조 시 고려할 점

- 수확시기, 수확시간 및 건조시간
- 외기온도가 높고 습도가 낮은 오전 10시부터 오후 5시 이전에 수확하는 것이 유리하다.
- 외기온도 10~15℃인 야간보다 18~21℃의 주간에 건조하는 것이 연료를 약 19% 절감할 수 있다.
- 급속히 건조하면 쌀알에 금이 생기거나 깨지는 경우가 있어 도정할 때 싸라기로 될 우려가 높다.

## (3) 건조 시 영향인자

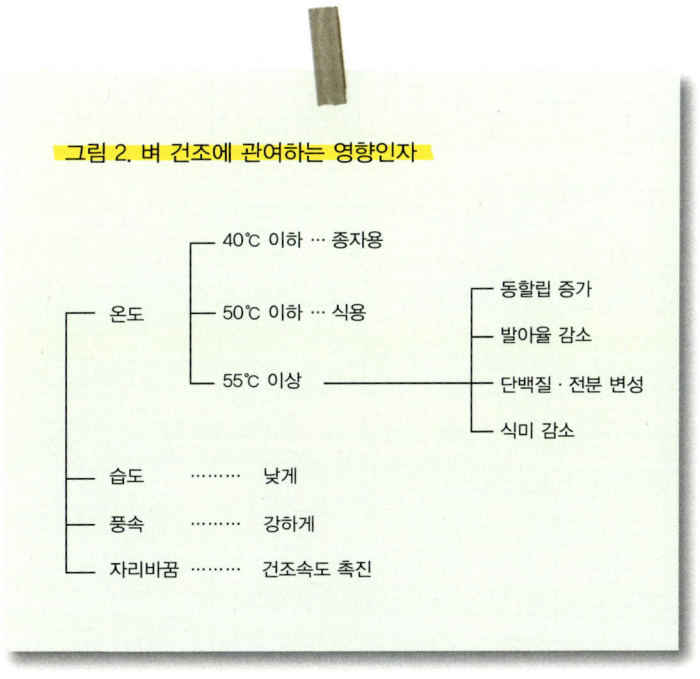

그림 2. 벼 건조에 관여하는 영향인자

## ✚ 건조방법

● 곡물의 건조방법은 크게 태양열을 이용하는 천일건조와 고온의 공기를 건조기 내부로 불어넣어 건조하는 기계건조로 구분한다.

### (1) 천일건조

- 태양열을 이용, 주로 콘크리트 바닥 혹은 아스팔트 도로 위에 건조용 합성수지 망사를 깔고 건조를 실시한다.
- 천일건조 시 벼의 두께가 두꺼울수록 건조일수는 길어지고, 금이 간 쌀알 발생률은 낮아지며 백미완전립률을 높일 수 있다.

**표 2. 벼 천일건조 두께별 건조특성**

| 건조벼 두께(cm) | 건조 소요일수(일) | 동할립률(%) | 현백률(%) | 백미완전립률(%) |
|---|---|---|---|---|
| 1 | 1 | 22 | 89.7 | 78.8 |
| 3 | 2 | 16 | 90.7 | 82.5 |
| 5 | 3 | 12 | 90.6 | 85.3 |
| 8 | 6 | 9 | 90.6 | 85.5 |

※ 수분함량 24%→15% 건조

### (2) 기계건조

- **순환식 건조**: 정치식에 비하여 건조온도를 높일 수 있고, 건조속도가 빠르며 곡물의 품질 손상도 적고, 균일한 건조가 이루어지며 에너지 소비율도 낮은 편이다. 시간당 0.7~1.0% 정도로 건조하는 것이 좋다.

그림 3. 연속식 건조기

- **연속식 건조**: 건조기에 곡물을 연속적으로 공급하면서 40~60℃의 열풍에 10분 이내로 벼를 통과시키면서 왕겨부분을 건조시킨 후 저장실(템퍼링빈: 수분 조절빈)에서 일정시간 저장하고, 그 사이에 왕겨가 건조제 역할을 하여 현미 내의 수분을 흡수해서 현미 간의 수분차를 줄인 후 다시 건조실로 보내 건조한다. 건조기를 1회 통과할 때 수분이 2~4% 정도 건조가 이루어진다. 건조실 통과 시간은 15~30분, 수분 조질 시간은 3~8시간 정도이다.
- **감압 건조**: 고압 · 대풍량 송풍기로 건조실 내의 공기를 빠르게 제거하여 건조실 전체의 압력을 떨어뜨려 건조효율을 증대시키는 건조방법이다. 수분의 증발과 배출이 원활하므로 건조 효율이 높아 연료비를 절감할 수 있으며 기존 방법에 비해 낮은 온도(5℃가량)로 건조가 가능하므로 품질향상을 기대할 수 있다는 장점이 있다.
- **원적외선 건조**: 순환식 곡물건조기의 건조실에 원적외선 방사체를

추가 설치하여 열풍과 원적외선을 동시에 이용하는 건조시스템이다. 곡물에 조사된 원적외선이 열풍과 함께 곡물을 동시에 가열하여 수분을 증발시키므로 건조 속도가 빠르며 식미가 우수한 고품질 건조가 가능하다.

- **상온통풍건조**: 곡물 빈이나 저장고에 다공판(구멍이 뚫린 판)이나 외기를 불어넣을 수 있는 덕트를 설치하고, 그 위에 곡물을 쌓은 후 비교적 적은 풍량으로 자연 상태의 공기 또는 이를 5℃ 내외에서 가열한 공기를 통풍하여 느린 속도로 장시간에 걸쳐 곡물을 건조하는 방법으로, 저온에서 서서히 건조가 이루어지므로 소요시간이 긴 반면 건조로 인한 품질저하가 최소화되어 식미를 최고로 유지할 수 있는 건조방법이다. 보통 원형빈을 이용하여 저장하면서 건조를 수행하므로 저장건조라고도 한다.

## ✚ 건조에 따른 품질변화

### (1) 건조온도별 도정특성

#### 표 3. 순환식 건조기의 열풍온도별 도정특성

| 열풍온도(℃) | 도정률(%) | 싸라기율(%) | 완전미율(%) |
|---|---|---|---|
| 40 | 75.9 | 8.6 | 91.4 |
| 45 | 75.8 | 8.7 | 91.3 |
| 50 | 75.6 | 9.9 | 90.1 |
| 55 | 75.4 | 14.8 | 85.2 |
| 60 | 74.1 | 28.1 | 71.9 |
| 65 | 73.2 | 24.7 | 75.3 |
| 70 | 68.1 | 36.6 | 63.4 |

출처: 농촌진흥청('03)

### (2) 건조온도별 품질변화

일반적으로 수분함량이 높은 벼를 열풍온도가 너무 높은 상태에서 건조하거나 천일건조 시 아래위를 잘 섞어주지 않을 경우에, 햇볕을 오랜 시간 직접 받게 되는 윗부분의 벼는 금이 쉽게 가게 된다. 이렇게 금이 간 벼는 도정 시 쉽게 부서져서 싸라기로 되므로 품질을 떨어뜨리게 된다.

표 4. 순환식 건조기의 열풍온도별 건조 소요시간 및 건조벼의 특성

| 열풍온도(℃) | 건조 소요시간(시간) | 동할립률(%) | 발아율(%) |
| --- | --- | --- | --- |
| 40 | 10.0 | 3 | 98 |
| 45 | 6.0 | 5 | 97 |
| 50 | 5.0 | 8 | 86 |
| 55 | 4.5 | 13 | 82 |
| 60 | 4.0 | 19 | 75 |
| 65 | 3.3 | 28 | 60 |
| 70 | 3.0 | 38 | 30 |

## 2. 저 장

### ✚ 저장의 목적

- 저장의 목적은 수확 및 건조 직후의 품질을 오랫동안 유지하는 것이다.
- 저장 후의 품질은 용도에 따라 판단 기준이 다르다(종자용은 발아력을 유지해야 하고, 식용은 영양학적 품질과 맛, 신선도, 향 등의 기호학적인 품질을 그대로 유지해야 하며, 공업용은 가공성이 좋아야 한다).

## ✚ 저장조건 및 요인

### (1) 저장조건

- 예취(刈取) 탈곡한 벼를 포대에 담아서 직사광선에 수 시간 방치하면 변질될 가능성이 높으므로 수확 후 4시간 이내에 건조기에 투입하여 상온통풍이나 순환을 시켜 곡온을 낮추어야 하고, 건조기나 빈에 투입된 곡물은 8시간 이내에 건조를 수행하여야 한다.
- 알맞은 저장 조건: 벼의 함수량은 15% 이하로 하고, 저장온도는 15℃, 습도는 70% 이하, 산소는 5~7%, 탄산가스는 3~5%로 유지한다.

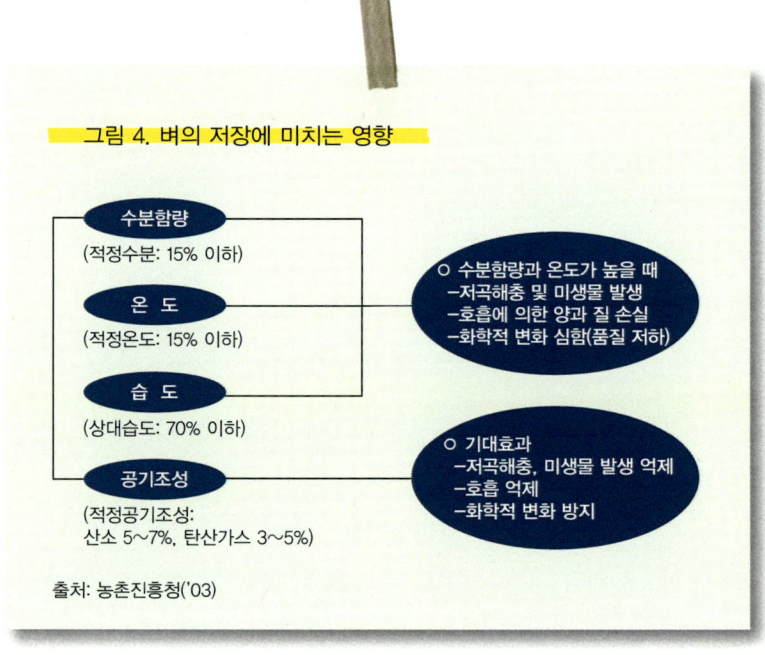

**그림 4. 벼의 저장에 미치는 영향**

수분함량
(적정수분: 15% 이하)

온 도
(적정온도: 15% 이하)

습 도
(상대습도: 70% 이하)

공기조성
(적정공기조성: 산소 5~7%, 탄산가스 3~5%)

○ 수분함량과 온도가 높을 때
 −저곡해충 및 미생물 발생
 −호흡에 의한 양과 질 손실
 −화학적 변화 심함(품질 저하)

○ 기대효과
 −저곡해충, 미생물 발생 억제
 −호흡 억제
 −화학적 변화 방지

출처: 농촌진흥청('03)

### (2) 저장요인

• **수분과 습도**: 미곡의 수분함량은 저장성에 크게 영향을 주어, 저장 미곡에 수분함량이 높아지면 곰팡이와 해충의 번식 속도가 빨라진 다. (표 5)와 같이 무통풍 시 안전저장일수는 저장온도가 20~25℃ 조건에서 벼의 함수율이 16%이면 안전저장일수는 55일, 22%이면 4일로 차이가 많아 함수율 관리에 세심한 주의를 기울여야 한다. 통풍을 할 경우에 벼의 안전저장 기간별 적정 함수율은 3개월 저 장을 해야 할 경우에는 15%, 1년 저장을 계획하는 경우는 14%, 1년 이상 저장이 예상될 경우에는 13% 이하를 유지해야 한다. 곡물부 패의 주된 원인은 불균일한 곡온 및 함수율, 저장초기의 곡물의 손 상, 저장고의 비위생적 상태, 부적절한 병충해 관리, 통풍부족 등 이다.

**표 5. 벼 함수율에 따른 안전저장일수** (기온: 20~25℃)

| 구 분 | 함 수 율 (%) | | | | | | |
|---|---|---|---|---|---|---|---|
| | 16 | 17 | 18 | 19 | 20 | 21 | 22 |
| 안전저장일수(일) | 55 | 36 | 24 | 16 | 10 | 6 | 4 |

• **온도**: 온도가 높아지면 곡물 자체의 호흡이 증가되고, 증가한 호흡 작용은 발열을 일으키게 되므로, 곡물의 물리 · 화학적인 변화가 일어나 지방산도가 증가되고 수용성 단백질이 감소하며, 미생물 및 해충 생육에 좋은 조건이 되기 때문에 변질, 부패, 감모손실이 가속화된다.

● 쌀이 묵으면 주로 쌀알 겉표면에 있는 기름성분이 공기 중에 있는 산소와 결합하여 산화
작용이 일어남으로써 처음에 유리지방산과 과산화물로 변하게 되고 다시 산화분해되어
묵은쌀에서 나는 나쁜 냄새(군내)의 주성분인 펜타날이나 헥사날 등 카보닐화합물로 변
하게 된다. 이러한 기름성분의 변화로 구수한 맛과 냄새를 내는 휘발성 물질이 공기 중
으로 날아가 버리면 밥 특유의 구수한 맛과 냄새를 잃어버리게 된다. 또한 기름성분이
변하면서 녹말이나 단백질도 빨리 변질시켜 밥의 차지고 부드러운 식감을 떨어트리기
도 한다. 쌀이 묵으면 수분이 많이 날아가 버리면서 녹말조직이 딱딱해지고, 또한 녹말
이 유리지방산과 결합함으로써 밥을 지을 때 녹말이 잘 풀어지고 부풀려지지 못하게 방
해하여 밥이 윤기가 없어지며, 탄력을 잃으면서 딱딱해진다. 또 단백질이 변질되면 주로
쌀알의 바깥층에 매우 자잘한 틈새가 생기면서 쌀이 뿌옇게 되어 품질이 떨어지게 된다.

## ✚ 저장방법

### (1) 저장조건별 저장방법

• **상온저장(일반창고 저장):** 온·습도가 높은 여름철에는 곡물온도가
  높고 호흡량이 많아 저장 중 감모와 변질이 많고 해충발생이 우려
  되므로 세심한 관리가 필요하다.

그림 5. 미곡의 상온 톤백 저장

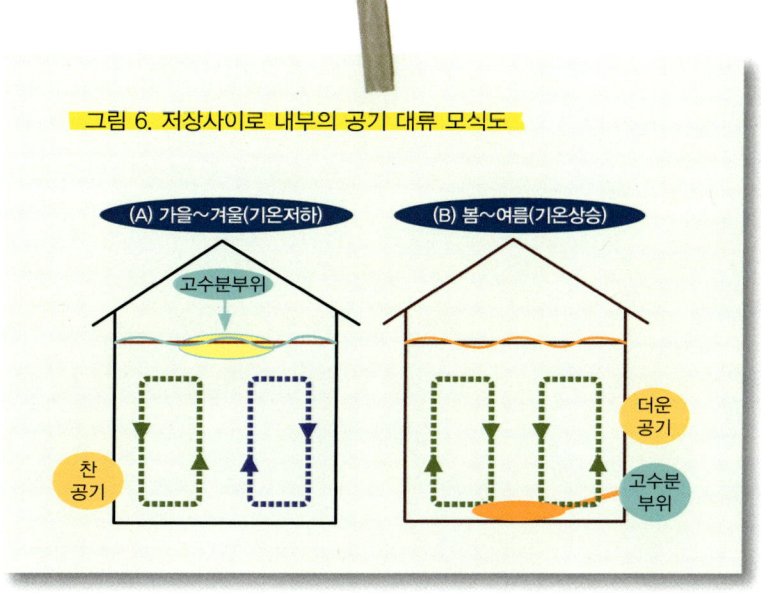

그림 6. 저상사이로 내부의 공기 대류 모식도

(A) 가을~겨울(기온저하)

고수분부위

찬 공기

(B) 봄~여름(기온상승)

더운 공기

고수분 부위

- **사이로저장**: 저장사이로는 통상 철재를 이용하고 대형의 경우 콘크리트도 이용하는데 좁은 공간에 설치가능하고 단열처리하면 곡물을 장기간 저장할 수 있으며 최소의 인원으로 곡물을 관리할 수 있어 노동력 절감효과가 크다. 사이로 내 수분이동은 외기온도 변화가 심할 때 많이 발생하여 품질변화의 주요인이 되기 때문에 저장중 수시로 수분을 분석하여 변질을 사전에 예방하여야 한다.

- **저온저장**: 저장온도를 10~15℃, 벼의 수분함량을 15% 이하, 상대습도를 70% 이하 조건에서 저장하여 호흡을 억제시켜서 벼의 성분을 소모하지 않아 품질유지 할 수 있게 하고, 부패성 박테리아 번식을 억제하여 곡물 내의 물리·화학적 변화를 방지하는 방법이다. 벼의 식미가 가장 좋은 함수율 16%에서도 장기저장이 가능하므로 상온저장을 한 벼보다 밥의 윤기, 색택, 외관품질 및 식미가 우수한 쌀을 연중 공급할 수 있다. 또한 저장 중 호흡에 의한 중량

손실 방지로 감모량을 상온저장(25℃)보다 10% 내외로 낮출 수 있으며, 저장고의 결로 발생이 감소하여 함수율이 높아져 부패되는 것을 줄이고 미생물 및 해충 발생도 억제한다.

- **준저온저장**: 함수율이 15.5~16.5%인 벼를 20℃의 이하에서 저장하는 방법으로 기존의 사일로나 사각빈에 곡물냉각장치를 부착하여 곡물을 냉각·저장하는 방법으로 최근에는 초기 설치비나 운전비용을 절감하고 벼의 품질 향상을 위해 겨울철 −5~−10℃ 이하의 찬공기를 이용하여 저장건조빈 내부의 벼를 냉각하여 저장성을 향상시킬 수 있는 겨울통풍 냉각저장방법도 보급되고 있다.

그림 7. 냉각장치

그림 8. 사일로 냉각

### (2) 조제형태별 저장방법

- 미곡의 조제형태에 따라 벼, 현미, 백미로 나누는데, 벼는 생명력을 가지고 있고 단단한 왕겨층으로 덮여 있어 저장 중 물리화학적인 변화를 적게 받고 곰팡이나 해충의 피해로부터 현미나 백미보

다 비교적 안전하다.

- 현미는 벼보다 부피가 작아 창고 면적을 적게 필요로 하며 포장이나 유통과정에서 비용을 절감시킬 수 있는 장점이 있다. 일본에서는 주로 현미로 저장 및 유통하고 있으며, 현미의 저온저장은 일반적으로 온도 13~14℃에서 상대습도 73~75%로 관리되고 있다.
- 백미는 외부온도와 습도의 변화에 민감하게 반응하여 변질이 잘되며, 해충의 침해를 받기 쉽고 밥맛도 떨어지기 쉽다.

### ✚ 벼의 저장 중 관리

- 3개월 정도 저장한 후 도정할 벼는 16% 내외까지 건조한 후에 충분히 냉각하여 저장하며, 3개월 이상 저장할 벼는 저장 중에 통풍하여 함수율을 15% 수준까지 서서히 낮추어 주고, 통풍이 어려운 톤백 등에 저장할 경우는 저장 초기에 함수율을 15%까지 낮추어 저장해야 한다.
- 해뜨기 전 빈 지붕 안쪽과 벽체내부에 응축수나 서리가 있는지를 점검해야 한다. 응축수나 서리는 수분이동 현상이 일어나고 있는 증거이며, 빈 상부의 송풍기로 배습을 하고 교반 혼합시켜야 한다.
- 고품질을 유지하기 위해 곡온은 15℃ 이하로 해야 하고, 빈 내의 수분이동을 방지해야 한다. 저온저장이 안 되는 시점에서 고함수율로 저장 중인 곡물은 특히 곡온 관리에 주의해야 하고 외기상태에 따라 송풍하여 곡온과 함수율을 조정해야 한다.

**Part 09**

•

쌀 가공기술

# Ⅰ. 도정기술

## 1. 도정의 정의 및 순서

### ✚ 도정이란?

도정은 벼를 기계나 도구를 사용하여 찧어서 왕겨, 호분층과 이물질 등을 제거하여 백미(정미)를 가공하는 행위를 말한다.

### ✚ 도정의 순서

도정은 여러 가지 가공기계를 조합 설치하여 연속작업으로 진행되는데 일반적으로 '원료(벼) → 정선 → 제현 → 현미 분리 → 석발(돌 등의 이물질 걸러내기) → 도정 → 연미(일반 백미가공) → 색채불량미 분리 → 큰 싸라기 분리(완전미 가공) → 제품포장' 순으로 이루어진다.

## 2. 도정수율 관련요인

- 원료벼 조건으로서는 미숙립이나 피해립의 비율이 낮으면서 현미의 충실도가 높고, 동할립이 낮을수록 제현율이 증가하며, 피해립 또는 착색립의 혼입이 없어야 한다.
- 특히 미강의 두께가 얇으며 현미표면에 굴곡이 없고 적당한 경도를 가지고 있어 도정 중 싸라기 발생률이 낮을수록 도정수율이 높다.

표 1. 도정 관련 요인

| 원료미의 상태 | 도정요인 |
|---|---|
| • 현미의 충실도<br>• 미숙립, 사미의 혼입 정도<br>• 동할립, 피해립, 착색립의 혼입 정도<br>• 미강의 두께, 경도 등 | • 도정 강도<br>• 쇄미(싸라기) 발생, 배아의 탈리<br>• 수분손실(현미수분, 미온상승, 분풍조건,<br>  환경, 습도 등) |

## 3. 완전미 도정

완전미란 색이 맑고 투명해야 하고 알이 균일하며 심·복백 등이 없고 병충해 등으로 기형을 띠거나 착색 또는 색깔이 변한 쌀과 싸라기 및 동할립 등이 없는 쌀로서 쌀알의 길이가 품종 고유 3/4 이상을 보유한 온전한 쌀을 말한다.

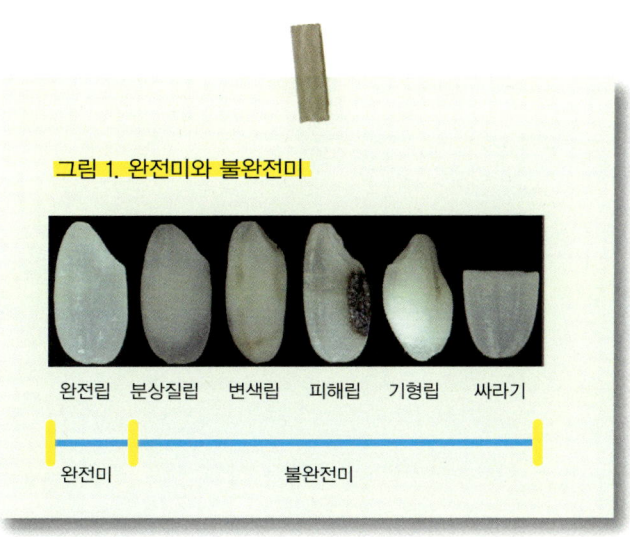

그림 1. 완전미와 불완전미

완전립  분상질립  변색립  피해립  기형립  싸라기

완전미 ── 불완전미

# 4. 도정 관련 용어 및 도정 특성

## ✚ 도정 관련 용어

도정 관련 용어로서 제현율, 설미율, 현백률, 쇄미율, 도정률 등이 있는데 이들에 대한 정의는 (표 2)와 같다.

표 2. 도정 관련 용어의 정의

| 도정 관련 용어 | 정 의 |
|---|---|
| 제현율 | 정선기로 정선한 시료 1kg을 실험실용 현미기(T.H.U. 35A)로 탈부한 후 1.6mm 체로 설미를 분리 제거한 현미량을 사용한 정조량에 대한 백분율로 표시 |
| 설미율 | 벼 시료 1kg를 탈부하여 현미와 설미를 1.6mm 체로 분리한 후 설미량을 사용한 정조량에 대한 백분율로 표시 |
| 현백률 | 현미 1kg을 실험실용 정미기(MCM−250)로 10분도로 도정하여 생산된 백미를 1.4mm 체로 쳐서 체위의 백미를 사용한 현미량에 대한 백분율로 표시 |
| 쇄미율 | 도정된 백미를 1.4mm 체로 쳐서 체를 통과한 작은 싸라기를 사용한 현미량에 대한 백분율로 표시 |
| 도정률 | (제현율 × 현백률) ÷ 100으로 표시 |

## ✚ 쌀의 도정도 판정기술

- 쌀의 도정도(Degree of Milling)는 쌀겨층이 벗겨지는 정도에 따라 완전히 벗겨진 것을 10분도미, 쌀겨층의 절반이 벗겨지면 5분도미로 표시하는 방법이다.
- 정백률 또는 도정률(Milling Ratio)은 도정된 정미량이 현미량의 몇 %에 해당되는가를 나타내며, 도감률은 도정에 의해서 줄어든 양을 말하고, 도정도수가 높을수록 도감률은 높아지나 도정률은 저하된다.

- 도정도를 결정하는 방법은 착색에 의한 방법, 도정시간에 의한 방법, 도정횟수에 의해서 결정하는 방법, 전력소비량에 의한 방법, 쌀겨층의 벗겨진 정도에 따른 방법, MG 염색법, ME 시약법 등이 있다.

| 표 3. 도정도, 도정률, 도감률과의 관계 | | (단위: %) |
|---|---|---|
| 도정도 | 도정률 | 도감률 |
| 현 미 | – | 0 |
| 5분도미 | 96 | 4 |
| 7분도미 | 94 | 6 |
| 백미(10분도미) | 92 | 8 |

## 5. 도정기의 종류 및 특성

### ✚ 시험용 도정기의 종류

쌀 도정기는 도정종류 및 방법에 따라서 일반적으로 현미를 도정할 때에는 롤러식을 사용하고, 현미에서 백미를 가공하고자 할 경우는 마찰식 및 연삭식을 연용하고 있다.

그림 2. 도정기(실험용)의 종류

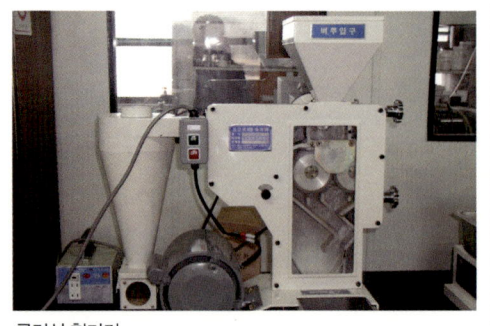

롤러식 현미기

연삭식 백미기

마찰식 백미기

### ✚ 미곡종합처리장(RPC: Rice Processing Complex)의 도정장비 설명

- **조선기**: 가공 초기에 지푸라기, 검불, 쭉정이, 잡초씨, 잔돌 등 이물질을 제거한다.
- **건조기**: 건조공기를 이용하여 벼를 건조하는 장비로 순환식과 연속식으로 구별할 수 있다.
- **사이로**: 벼를 저장하면서 어느 정도까지는 자동적으로 건조시키는 기능을 가진 시설로 플랫형과 호퍼형으로 구별한다.

- **냉각기**: 압축기, 증발기, 응축기 등으로 이루어진 냉각장치와 외부 공기를 도입하여 저장빈 내로 불어넣는 송풍기와 댐퍼(Dampers), 상대습도 조절을 위한 재가열기 및 제어장치 등으로 구성되어 벼를 건조시키는 장비이다.

- **현미기**: 현미기는 벼를 탈부시키는 기계로 벼 낟알을 부서짐이 없이 벼로부터 왕겨를 제거하는 장비이다.

- **현미분리기**: 특수분리판에서 진동으로 벼, 현미, 벼와 현미의 혼합물 등 3가지로 분리하는 장비를 말한다.

- **석발기**: 벼에 섞여 있는 이물질 중에는 크기와 모양이 주원료와 비슷하고 돌을 비롯한 비중이 다른 것을 특수한 요동철판의 진동에 의해서 분리하는 장비이다.

- **입선별기**: 현미에서 탈부된 불완전립이나 쭉정이 등을 스크린 선별기(입선별기 및 회전원통입선별기)로 분리하는 장비이다.

- **정미기**: 현미의 미강층 즉 과피, 종피, 호분층을 기계적인 힘이나 화학작용을 이용하여 제거시키는 장비로서 마찰식과 연삭식으로 구별한다.

- **로터리시프트**: 최종제품인 정백미 중에서 싸라기와 이물질을 선별하는 것으로 정미 배출구에 설치하는 유선체를 거쳐 흔들체에서 선별하는 경우와 다단선별체가 선회운동으로 분리하는 장비를 말한다.

- **연미기**: 생산된 쌀의 품위를 높이기 위해 쌀의 표면에 부착되어 있는 미세쌀겨 및 분말 이물질을 제거하고 표면의 윤기를 증가시켜 준다.

- 그 밖에 색체선별기, 입형분리기, 도정수율 및 품위판정기 등으로 구성된다.

# Ⅱ. 주요 가공기술

## 1. 떡류 가공기술

- 최근 흰떡가공이 영세규모에서 벗어나 위생시설(HACCP)과 대량 생산체제를 갖춘 공장규모로 생산하여 유통시키는 업체수가 증가하고 있다.
- 떡 가공업체 중에는 떡볶이용 가래떡도 생산하고 있으며, 건조 흰떡은 원래 흰떡의 저장성이 떨어지므로 압출성형 공법으로 가수복원성이 우수한 즉석 흰떡을 만들어 유통 시에 안전성을 갖도록 개발된 제품이 시판되고 있다.
- 아울러 전통떡류 중 기호성이 좋으며 상품성 있는 떡류를 발굴하여 1주일 이상 보존이 가능한 떡의 장기저장 방법이 개발되고 있으며, 압출성형기 등 간단한 공정에 의한 대량생산공정과 표준화, 위생관리 매뉴얼화 등의 개발이 필요한 시점이다.

## 2. 면류 가공기술

즉석면류의 제조공정은 일반적으로 아래 그림과 같으며, 쌀국수 가공과 관련하여서는 쌀가루 제조조건, 배합비, 공정개선 등에 관한 내용이 대부분으로 일반적인 공정은 구축된 실정이지만, 국내 쌀 품종별로 적합한 기술개발이 필요하다.

그림 3. 쌀국수의 일반적 제조공정

반죽 → 혼합 → 압출(압연) → 면대형성 → 스팀(증자) → 냉각 → 절단 → 건조 → 포장

## 3. 밥류 가공기술

### ✚ 일반적인 밥류 가공기술

- 밥류를 대량 취반 · 제조할 수 있는 일반적인 설비 공정은 ① 가스식 연속 취반 시스템, ② 스팀식 연속취반 시스템, ③ 무균포장팩 취반 시스템으로 크게 구별할 수 있으며, 효율적인 작업에너지 절약을 위하여 배열을 달리한 몇 가지 변형 모델이 더 있으나 세 가지 모델이 기본이 되고 있다.

- ①번의 공정 시스템은 흰밥을 만드는 기본 라인이며, 주먹밥 · 냉동밥이나 레토르트밥을 가공하기 위해서는 조미액 공급기, 성형기, 충전 · 포장장치, 냉각 · 동결장치, 살균기 등의 설비가 추가되어야 한다.

- ②번의 공정 시스템은 취반솥 대신 컨베이어에 쌀을 놓고 직접 증기로 가열하여 취반하는 시스템으로서 스팀식은 가스식에 비하여 취반공정이 간단하여 가동비용이 약 25% 절약된다. 이 공정도 조미액 주입 컨베이어, 냉각장치 등을 부착하여 여러 가지 가공 쌀밥류를 만들 수 있다.

- ③번의 무균포장밥 생산공정 시스템에 사용하는 포장용기는 이미 성형된 용기를 구입하여 사용하고 있다.
- 대체로 무균포장밥은 레토르트밥보다 밥맛이 훨씬 좋은 것으로 평가되는데 이는 취반기술과 식미의 보존·유지를 위한 기술에 차이가 있으며 포장시스템의 선정과 매우 밀접한 관계가 있다.

### ➕ 레토르트밥

- 레토르트밥은 장기보존성과 품질 면에서 가공밥류 중 가장 우수한 제품이지만, 최근에는 전자레인지 보급이 확대되면서 2분간 데우면 먹을 수 있는 무균포장밥의 인기로 레토르트밥류는 감소하는 추세이다.
- 최초의 통조림밥은 끓는 물에서 20분이 소요되었는데, 레토르트 파우치에 넣은 밥류는 약 10분이 소요되나 전자레인지 상품인 무균포장밥은 통조림의 1/10인 2분이면 조리가 가능하다.
- 레토르트밥의 제조공정은 일반가공밥류와 공통적인 부분이 많아서 쌀을 씻고, 침지하는 공정은 같은데 쌀을 어떤 상태로 용기에 넣고 어떻게 밀봉하는가가 중요한 기술적 차이이다.

### ➕ 무균포장밥

- 무균포장밥의 제조공정 중 레토르트밥류와 기본적으로 다른 것은 충진밀봉 후에 고압가열살균을 하지 않는 점이다.
- 가공과정을 전처리 공정에서 가능한 한 내열성균을 감소시켜 취반 공정에서 무균밥을 제조하고, 이것을 무균실에서 밀봉하는 기술로

용기 한 개씩 취반하여 그대로 무균용기에 충진하는 방법이 일반
적이며 낙하균이 혼입되어 곰팡이를 발생시킬 가능성이 있기 때문
에 일부 제품에는 탈산소제가 봉입되어 약 6개월간 저장 및 품질
유지가 가능한 제품이다.

**그림 4. 무균포장밥의 제조공정**

쌀투입 & 저장 : 입고된 쌀은 석발기와 색채선별기를 통과하여 납미고에 저장됨

세미 & 침지 : 쌀을 씻으며 이물을 제거하고, 물에 불려 놓는 공정

용기 & 쌀 충전 : 계량을 통하여 일정량의 쌀을 용기에 충전시킴

가압살균 : 밀폐된 Chamber에 스팀을 주입하여 밥을 살균(145℃↑, 5sec. ×8회)

취반 : 밥을 짓는 공정: 밥의 호화(알파화) 및 미생물 살균

Pack Sealing : Clean Room에서 밥 Lid지 포장(Class 100↓)

뜸 & 냉각 : 밥뜸을 들이고 포장하기 좋게 냉각시킴

Leak Tester : 진공을 이용하여, 포장된 밥 제품의 Pin-hole 발생 유무를 확인

포장 & 검사 : 완제품 포장 전, 이물검색을 실시하고 이상이 없는 제품에 한하여 포장

CCP → 위해요소를 중점 제어
• 가압살균: 미생물학적 위해요소
• 취반: 미생물학적 위해요소
• Leak Tester: 미생물학적 위해요소
• 이물검색기: 물리학적 위해요소

출처: (주)농심, R&BD센터

**✚ 냉동밥류 및 냉동필라프**

- 초기의 냉동밥은 용기에 넣어 제조하는 블록동결제품이 주류였지만, 최근 동결제품 기술이 개발되어 현대의 냉동밥 품질이 크게 개선되었다.
- 동결밥은 볶음밥(필라프) 형태가 이에 속하며 새우필라프, 건조카레용, 치킨필라프, 게필라프 등 다양한 볶음밥 종류가 있고, 냉동밥은 구운 밥, 피자틀, 초밥, 크로켓 등이 있다.

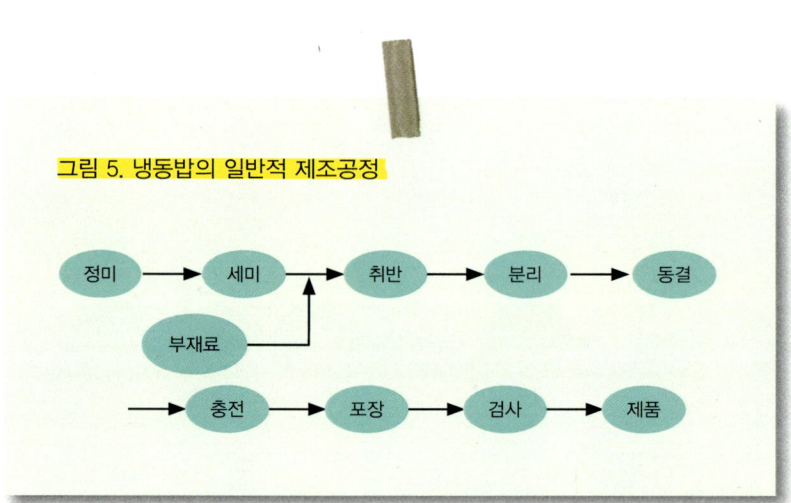

그림 5. 냉동밥의 일반적 제조공정

## 4. 죽류 가공기술

- 최근 전통죽에 대한 관심과 점진적인 소비증가로 인하여 전통죽의 산업적 제조기술을 확립하기 위해서는 죽용 쌀 품종개발 및 죽이 형성되고 그 물성이 변화 또는 유지되는지 과학적인 기술개발이

연구되고 있다.

- 죽의 물성에 관여하는 인자들을 정리하면, ① 원료의 성상 ② 수분
함량과 고형분의 비율 ③ 가열온도 및 가열시간 ④ 첨가재료의 종
류로 나눌 수 있으며, 이 외에도 원료의 품질, 물의 질, 가열용기의
종류에 따라서도 다양한 영향을 받는다. 한편 죽을 만들 때의 물성
은 후에 보관, 저장하는 데에도 결정적인 영향을 주고 있다.

- 따라서 현대화 생산공정 설정에서 중점적 고려되어야 할 사항은
용도별 제품개념 확립과 포장 형태 적용기술이라고 할 수 있다.

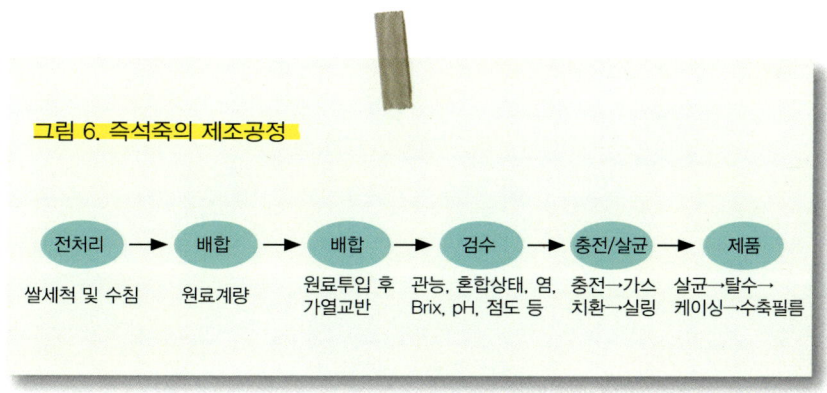

그림 6. 즉석죽의 제조공정

| 전처리 | 배합 | 배합 | 검수 | 충전/살균 | 제품 |
|--------|------|------|------|-----------|------|
| 쌀세척 및 수침 | 원료계량 | 원료투입 후 가열교반 | 관능, 혼합상태, 염, Brix, pH, 점도 등 | 충전→가스 치환→실링 | 살균→탈수→ 케이싱→수축필름 |

# 5. 쌀가루 가공기술

- 쌀 가공제품 소재인 쌀가루는 대부분 롤밀, 핀밀로 이용하여
80~120mesh 수준으로 제분하였기 때문에 가공물성이 단순하여
가공제품을 다양화하는 것은 한계가 있지만, 최근 기류분쇄기술이
개발되어 가공제품의 편의성을 위해 500mesh 이상 초미세 제분
이 가능해졌다.

**표 4. 제분방법에 따른 쌀가루의 정의 및 가공기술**

| 제분방법 | 가공 기술 |
| --- | --- |
| 습식제분 | 일정시간 침지하여 쌀 중심부까지 수분포화(약 40%) 시킨 후, 습식 분쇄하여 생산한 쌀가루(벼→건조→제현→정백→침지→탈수→분쇄→건조 등의 과정을 거쳐 생산) |
| 반습식제분 | 쌀 표면을 물로 분무 세척 후, 수분 20~25%의 상태로 반습식 분쇄한 쌀가루 (벼→건조→제현→정백→세척→탈수→분쇄→건조 등의 과정을 거쳐 생산) |
| 건식제분 | 쌀을 건식으로 단순 분쇄한 쌀가루 (벼→건조→제현→정백→분쇄 등의 과정을 거쳐 생산) |

출처: 박종대, 쌀가루 정의('08); 금준석, 쌀가루 제조기술에 관한 조사 연구(한국식품연구원 보고서, '95);
김영진, 쌀의 적정제분기법 개발연구(한국식품연구원 보고서, '93)

- 쌀 소재화 기술과 관련하여 일본에서는 기류분쇄 방법들을 이용하여 500mesh 이상까지 쌀가루를 제조하여 쌀빵이나 떡 등에 활용하고 있는데, 국내에서도 최근 일본의 쌀가루 제조설비를 도입하여 쌀빵 등이 제조되고 있으며, 대부분은 일반습식 제분과 효소처리 제분기술을 사용하고 있다.

**그림 7. 최신 기류식 제분기**

출처: 농촌진흥청 국립식량과학원

## Part 10

•

경영 및 유통

# Ⅰ. 벼 재배 경영의 일반현황

## 1. 농업경영의 정의 및 목표

- 농업경영이란 "생산, 제도, 기술, 인간요소, 시장, 정책, 환경 등의 변화에 따른 불확실성 하에서 개별 영농단위가 자체의 경제 내외적 목표달성을 위해 자원을 배분하는 농장의 문제해결을 위한 의사결정과정"이라고 할 수 있다.

- 일반적으로 농업경영을 위해서는 토지, 노동, 자본 등 전통적 의미에서의 생산의 3요소(자원)와 기술 및 정보가 필요하며, 이러한 자원은 언제나 한계가 있기 때문에 이를 효율적으로 배분하는 것이 매우 중요하다.

- 농업경영의 목표는 토지, 노동, 자본 등의 투입요소를 가능한 한 효율적으로 이용하여 생산성은 높이고 생산비는 낮춰 농가의 소득을 높이는 데 있지만, 소비자의 요구와 사회 상황의 변화에 따라 농업경영의 방향 및 방법은 크게 달라질 수 있으며, 현대의 농업경영은 과거의 그것보다 훨씬 다양하고 복잡해졌다.

- 이러한 농가 경영의 성패를 좌우하는 요인은 매우 다양하며, 특히 작목(품종)·재배기술·유통방법 등의 선택과 이러한 선택을 가능하게 하는 농가의 역량 등에 따라 경영의 수준은 크게 차이가 생길 수 있다.

- 농업소득은 총수입에서 경영비를 뺀 것이고, 순수익은 총수입에서 생산비를 제외한 것이다. 또한 경영비는 생산비 가운데 실제로 지불되지 않는 자가노력비, 자가 토지용역비, 자본용역비를 제외한

비용으로서 종묘비, 농약비, 비료비, 농구비 등 생산에 투입된 모든 현금 및 현물 지출과 감가상각비를 포함한 것이다. 즉, '경영비=생산비−내급비(자가노력비+자본용역비+토지용역비)'로 나타낼 수 있다.

## 2. 벼 재배농가의 경영현황

| 표 1. 연도별 벼 생산면적 및 생산량 추이 | | | | | | | | | | |
|---|---|---|---|---|---|---|---|---|---|---|
| 연 도 | '00 | '01 | '02 | '03 | '04 | '05 | '06 | '07 | '08 | '09 |
| 면 적 (천ha) | 1,072 | 1,083 | 1,053 | 1,016 | 1,001 | 980 | 955 | 950 | 936 | 924 |
| 생산량 (천 톤) | 5,291 | 5,515 | 4,927 | 4,451 | 5,000 | 4,768 | 4,680 | 4,408 | 4,843 | 4,916 |

출처: 통계청, 국가통계포털 농업통계('00~'09)

- 최근 벼 재배면적은 매년 감소해, '05년부터 1백만ha 이하로 줄어들기 시작하여 '09년에는 약 92만ha로 감소하였다. 하지만 생산량은 농업기술의 발달과 최근 몇 년 동안 계속된 양호한 기상조건으로 약 500만 톤 정도를 유지하고 있다.

표 2. '08년산 논벼의 생산비 및 농업 소득 구성

| 총 수 입(1,013,362원) | | | | | | | | | | | | |
|---|---|---|---|---|---|---|---|---|---|---|---|---|
| 종묘·종축비 | 비료비 | 농약비 | 제재료비 | 진료위생비 | 광열동력비 | 감가상각비 | 수리비 | 임차료 | 위탁료 | 수선비 | 고용노력비 | 농업소득 (623,742원) |
| 생산비(629,677원) | | | | | | | | | | | | |
| 경영비(389,620원) | | | | | | 내급비 (240,057원) | | | | | | 순수익 (383,685원) |
| | | | | | | 자가노력비 | | 자본용역비 | | 토지용역비 | | |

- '08년산 벼 재배농가의 10a당 총수입은 1,013,362원이었으며, 이 가운데 농업소득은 내급비와 순수익을 합친 623,742원, 경영비는 생산비에서 내급비를 제외한 389,620원이었다. 또한 '08년도 벼 재배의 순수익률은 37.9%, 소득률은 61.6%로 나타났다.

※ 순수익률 = (총수입−생산비)/총수입×100

※ 소득률 = (총수입−경영비)/총수입×100

표 3. 연도별 논벼 순수익 및 소득 추이                    (단위: 원, kg, %)

| 구 분 | '04 | '05 | '06 | '07 | '08 |
|---|---|---|---|---|---|
| 총수입 | 1,030,301 | 879,411 | 892,067 | 854,241 | 1,013,362 |
| (증감률) | 12.3 | −14.6 | 1.4 | −4.2 | 18.6 |
| 생산비 | 587,748 | 587,895 | 600,120 | 607,354 | 629,677 |
| (증감률) | −0.8 | − | 2.1 | 1.2 | 3.7 |
| 경영비 | 314,618 | 333,635 | 349,599 | 364,293 | 389,620 |
| (증감률) | 2.9 | 6.0 | 4.8 | 4.2 | 7.0 |
| 순수익률 | 43.0 | 33.1 | 32.7 | 28.9 | 37.9 |
| 소득률 | 69.5 | 62.1 | 60.8 | 57.4 | 61.6 |

출처: '08년산 논벼(쌀) 생산비 조사결과, 통계청('09)

# Ⅱ. 벼 유기재배 경영의 특성

## 1. 벼 유기재배 경영의 요인

벼 유기재배 경영의 성패를 좌우하는 요인은 매우 다양하지만, 관행 농가의 경영과 비교해 특히 중요한 것은 기술과 유통이다.

### ✚ 기술과 경영

- 유기농업은 관행농업에서 주로 사용하는 화학합성농약과 화학비료의 사용을 금지하고 있어, 병해충 방제 및 지력유지를 위하여 다양한 방법과 대체 자재를 사용할 수밖에 없다.

- 특히 관행재배의 주요 제초방법인 제초제 사용을 금하기 때문에 제초를 위한 다양한 방법들이 실천되고 있다.

- 벼 유기재배에 있어서의 일반적인 기술을 보면, 제초를 목적으로 하는 경우와 재배환경 향상 및 내병성 증진 등을 목적으로 하는 경우 등으로 구분할 수 있다(표 4).

- 유기재배에서 가장 많이 이용되고 있는 우렁이농법, 오리농법 등은 제초를 목적으로 하는 기술이며 키토산농법, 게르마늄농법, EM농법, 맥반석농법, 스테비아농법, 왕겨숯농법 등은 재배환경 향상 및 내병성 증진을 위한 기술로 볼 수 있다.

**표 4. 목적별 벼 유기재배 기술 구분**

| 목 적 | 제 초 | 재배환경 향상 및 내병성 증진 | 기 타 |
|---|---|---|---|
| 농법 특징 | 제초능력이 있는 오리, 왕우렁이, 참게 등의 소동물을 투입하거나, 잡초 발생을 억제하는 쌀겨투입, 종이 · 비닐멀칭 등을 이용 | 토양활력 증진 등을 위한 미생물 이용 및 기능성 물질 투입 | 무비료 · 무경운 · 무제초 · 무농약 등 |
| 농법 종류 | 오리농법, 왕우렁이농법, 참게농법, 쌀겨농법 등 | 키토산농법, 게르마늄농법, EM농법, 맥반석농법, 스테비아농법, 왕겨숯농법 등 | 자연농법, 태평농법 등 |

**표 5. 주요 농법별 친환경벼 재배 추이**  (단위: ha, %)

| 구분(연도) | 계 | 오리농법 (비중) | 우렁이농법 (비중) | 쌀겨농법 | 키토산농법 | 기타 |
|---|---|---|---|---|---|---|
| '00 | 2,171 | 1,156 (53) | 179 (8) | | | 836 |
| '01 | 4,782 | 1,518 (32) | 443 (9) | 54 | 800 | 1,967 |
| '02 | 11,077 | 2,948 (27) | 1,937 (17) | 561 | 2,917 | 2,714 |
| '03 | 23,433 | 4,256 (18) | 3,880 (17) | 2,514 | 2,409 | 10,374 |
| '04 | 44,690 | 4,731 (11) | 4,649 (10) | 3,885 | 2,588 | 28,837 |
| '05 | 65,683 | 5,946 (9) | 13,786 (21) | 8,222 | 3,500 | 34,229 |
| '06 | 69,831 | 5,013 (7) | 28,744 (41) | 6,765 | 2,446 | 26,863 |
| '07 | 75,647 | 3,458 (5) | 51,111 (68) | 7,286 | 1,707 | 12,085 |
| '08 | 96,178 | 3,406 (4) | 70,018 (73) | 7,466 | 1,460 | 13,828 |

- 유기농업을 포함한 친환경 벼 재배 주요 농법별 재배면적 추이를 보면, 이전에는 오리농법이 주류를 이뤄왔지만, AI(조류인플루엔자)의 발생 등으로 지자체가 오리농법을 기피하면서 우렁이농법의 재배면적이 크게 증가하고 있다.

- 우렁이농법은 월동에 따른 작물피해 및 생태계 교란 등의 사례가 보고되는 등 우렁이의 농업용 사용에 대한 찬반논란이 있지만, 제초효과나 경제성 등에서 다른 농법에 비해 우수한 것으로 나타나 대체농법이 개발되지 않는 한 당분간 유기벼 재배에 있어서 우렁이농법의 재배면적은 증가할 것으로 예상된다.

## ✚ 유통과 경영

- 유기쌀 유통의 특징은 첫째 친환경농산물 인증제도 하에서의 "유기" 인증을 받아야 한다는 점, 둘째 일반 쌀과의 혼입을 막기 위한 구분관리가 필요하다는 점, 셋째 유통경로별 가격 차이가 크다는 점 등이 있다.

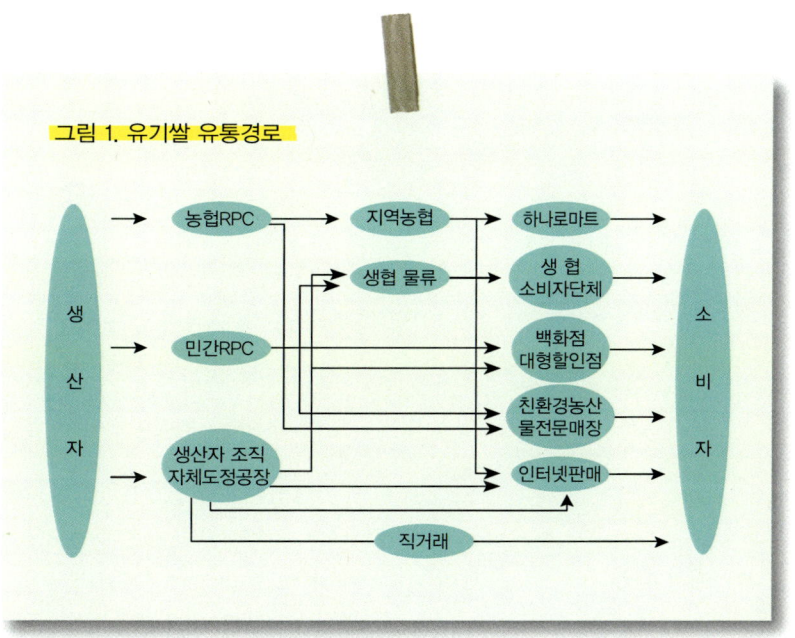

그림 1. 유기쌀 유통경로

- 유기쌀의 유통경로는 (그림 1)에서 알 수 있듯이, 농협유통, 생협 등 소비자단체, 할인점 및 백화점, 친환경 전문유통업체, 전자상거래 등 매우 다양하다.

- 또한 유통경로별로 소비자가격도 달라, '11년 8월 현재 유기쌀(백미) 4kg의 가격은 수도권지역의 D생협의 경우 14,700원, 대형할인매장인 H업체는 22,000원, 유기식품 전문유통업체인 O업체는 23,000원 등으로 생협 등 직거래단체의 가격이 일반 유통업체보다 비교적 낮다는 것을 알 수 있다.

- 이와는 반대로 농가 수취가격은 마진율이 낮은 생협 등의 직거래단체가 높은 편이며, 백화점, 할인점 등이 낮은 것으로 나타나고 있다.

## 2. 재배유형별 유기재배의 생산성 및 수익성

- 벼 유기재배 농가의 생산성과 수익성을 분석할 때 중요한 것은 단위면적당 수량과 농가 수취가격이다.

- 실제 농법별 유기재배 농가를 조사한 결과 오리+우렁이를 제외한 각 농법별 10a당 수량은 우렁이농법이 467kg, 오리 448kg, 쌀겨 435kg, 종이 408kg으로 관행에 비해 약 5~17% 정도 감소하는 것으로 나타났다.

- 한편 1kg당 판매가격(단가)은 종이와 쌀겨재배에서 각각 2,953원, 2,937원으로 관행 1,747원에 비해 약 70% 정도 높게 나타났다.

표 6. 유기 · 무농약재배인증쌀의 농가 수취가격 및 소비자 판매가격 (단위: 원/kg)

| 구 분 | 유기재배 | | | | | |
| --- | --- | --- | --- | --- | --- | --- |
| | 오 리 | 우렁이 | 쌀 겨 | 종 이 | 오리+우렁이 | 평 균 |
| 농가수취가격 | 2,676 | 2,628 | 2,937 | 2,953 | 2,200 | 2,652 |
| 소비자판매가격 | 3,500 | 3,942 | 4,033 | 3,500 | 5,200 | 4,014 |

※ 소비자판매가격은 생협, 대형마트, 백화점, 전문유통업체 등 최종 소매단계를 통해 소비자에게 판매된 가격
출처: 농촌진흥청('06)

- 따라서 쌀 판매에 따른 조수입과 볏짚, 오리 등의 부산물조수입을 합한 총 조수입은 관행재배에 비해 약 33~47% 정도 높은 것으로 나타났으며, 각 농법별 10a당 총 조수입을 보면 쌀겨농법이 1,294,819원으로 가장 높았고, 다음으로 우렁이, 오리, 종이의 순으로 나타났다.

- 또한 각 농법별 경영비를 보면 우렁이농법을 제외하고는 일반관행재배에 비해 약 12~57% 높은 것으로 나타났으며, 총 조수입에서 경영비를 제외한 10a당 소득은 쌀겨농법에서 관행재배보다 68% 높은 916,830원으로 가장 높았고, 다음으로는 우렁이농법이 67% 높은 911,190원, 오리농법이 57.6% 높은 860,283원의 순으로 나타났다.

- 하지만 종이멀칭재배에서는 피복용 종이의 가격이 높아 관행재배에 비해 29.3% 높은 705,793원으로 유기재배 가운데에서 가장 낮았다. 물론 농법별 또는 조사대상 등에 따라 달라질 수는 있지만 벼농사에 있어서 유기재배 실천농가의 소득이 관행재배 농가에 비해 다소 높다는 것을 알 수 있다.

## 표 7. 재배유형별 유기재배의 10a당 생산성 및 경제성

| 농법별 | 오리 (A) | 우렁이 (B) | 쌀겨 (C) | 오리+ 우렁이 (D) | 종이 (E) | 관행 (F) | A/F (%) | B/F (%) | C/F (%) | D/F (%) | E/F (%) |
|---|---|---|---|---|---|---|---|---|---|---|---|
| 수량 (kg) | 448 | 467 | 435 | 515 | 408 | 490 | 91.4 | 95.3 | 88.8 | 105.1 | 83.3 |
| 단가 (원) | 2,676 | 2,628 | 2,937 | 2,200 | 2,953 | 1,747 | 153.2 | 150.4 | 168.1 | 125.9 | 169.0 |
| 주 조수입 (천원) | 1,188 | 1,222 | 1,283 | 1,133 | 1,205 | 856 | 138.8 | 142.8 | 149.9 | 132.4 | 140.8 |
| 부산물 조수입1 (천원) | 17 | 19 | 24 | 13 | 24 | 24 | 71.6 | 78.9 | 103.9 | 53.8 | 103.9 |
| 부산물 조수입2 (천원) | 37 | 0 | 0 | 21 | 0 | 0 | – | – | – | – | – |
| 총 조수입 (천원) | 1,233 | 1,234 | 1,295 | 1,167 | 1,229 | 879 | 140.2 | 140.4 | 147.2 | 132.7 | 139.8 |
| 경영비 (천원) | 372 | 323 | 378 | 422 | 524 | 334 | 111.6 | 96.9 | 113.3 | 126.6 | 156.9 |
| 소득 (천원) | 860 | 911 | 917 | 744 | 706 | 546 | 157.6 | 167.0 | 168.0 | 136.4 | 129.3 |
| 직접 생산비 (천원) | 590 | 506 | 586 | 563 | 606 | 322 | 183.0 | 156.9 | 181.8 | 174.5 | 188.0 |
| 1kg당 생산비 (원) | 1,341 | 1,090 | 1,354 | 1,092 | 1,486 | 1,168 | 114.8 | 93.3 | 115.9 | 93.5 | 127.2 |
| 투입 노동 시간 | 38.2 | 35.8 | 43.4 | 36.6 | 24.1 | 18.8 | 203.2 | 190.4 | 230.9 | 194.7 | 128.2 |

※ 부산물조수입1은 주로 볏짚의 판매수입이며, 부산물조수입2는 주로 오리의 판매수입
출처: 농촌진흥청('06)

# · 국내 유기농업에 허용되는 자재 목록 ·

표 1. 토양개량과 작물생육을 위하여 사용이 가능한 자재

| 사용이 가능한 자재 | 사용 가능 조건 |
| --- | --- |
| ○ 농장 및 가금류의 퇴구비 | ○ 농촌진흥청장이 고시한 품질규격에 적합할 것 |
| ○ 오줌 | ○ 적절한 발효와 희석을 거쳐 냄새 등을 제거한 후 사용할 것 |
| ○ 퇴비화된 가축 배설물 | ○ 농촌진흥청장이 고시한 품질규격에 적합할 것 |
| ○ 대두박, 미강유박, 잠용유박, 깻묵 등 식물성 유박류 또는 그 원료로 만든 제품 | ○ 농촌진흥청장이 고시한 품질규격에 적합할 것 |
| ○ 건조된 농장퇴구비 및 탈수한 가금퇴구비 | ○ 농촌진흥청장이 고시한 품질규격에 적합할 것 |
| ○ 질소질 구아노 | |
| ○ 짚(왕겨) 및 산야초 | |
| ○ 버섯재배 및 지렁이 양식에서 생긴 퇴비 | ○ 지렁이 양식용 자재는 이 목(1) 및 (2)에서 사용이 가능한 것으로 규정된 자재만을 사용할 것 |
| ○ 유기농장 부산물로 만든 비료 | |
| ○ 식물잔류물로 만든 퇴비 | |
| ○ 혈분 · 육분 · 골분 · 깃털분 등 도축장과 수산물 가공공장에서 나온 가공제품 | ○ 농촌진흥청장이 고시한 품질 규격에 적합할 것 |
| ○ 식품 및 섬유공장의 유기적 부산물 | ○ 합성첨가물이 포함되어 있지 아니할 것 |
| ○ 해조류 및 해조류제품 | |
| ○ 톱밥, 나무껍질 및 목재 부스러기 | ○ 폐가구 목재의 톱밥 및 부스러기가 포함되어 있지 아니할 것 |
| ○ 나무숯 및 나무재 | |
| ○ 천연 인광석 | ○ 물리적 공정으로 제조된 것이어야 하며, 카드뮴이 5산화인산으로 환산해서 1kg 중 90mg 이하일 것 |
| ○ 칼륨암석 및 채굴된 칼륨염 | ○ 합성공정을 거치지 아니하여야 하고 합성비료가 첨가되지 않아야 하며, 염소 함량이 60% 미만일 것 |
| ○ 황산가리 또는 황산가리고토(랑베나이트 포함) | |
| ○해조류퇴적물, 석회석 등 자연산 탄산칼슘 | ○ 천연암석분말이거나 물리적 공정으로 제조된 것일 것 |
| ○ 마그네슘 암석 | |
| ○ 석회질 마그네슘 암석 | |

| | |
|---|---|
| ○ 황산마그네슘 및 천연석고 | |
| ○ 스틸리지 및 스틸리지 추출물(암모니아 스틸리지를 제외한다) | |
| ○ 염화나트륨 | ○ 채굴한 염 또는 천일염일 것 |
| ○ 인산알루미늄칼슘 | ○ 물리적 공정으로 제조된 것이어야 하며, 카드뮴이 5산화인산으로 환산해서 1kg 중 90mg 이하일 것 |
| ○ 붕소·철·망간·구리·몰리브덴 및 아연 등 미량원소 | |
| ○ 황 | |
| ○ 자연암석분말·분쇄석 또는 그 용액 | ○ 화학합성물질로 용해한 것이 아닐 것 |
| ○ 벤토나이트(Bentonite)·펄라이트(Perlite) 및 제올라이트(Zeolite), 일라이트(Illite) 등 점토물질 | |
| ○ 벌레 등 자연적으로 생긴 유기체 | |
| ○ 질석 | |
| ○ 이탄(泥炭: Peat) | |
| ○ 피트모스(토탄) 및 피트모스추출물 | |
| ○ 지렁이 또는 곤충으로부터 온 부식토 | ○ 슬러지류를 먹이로 하는 것이 아닐 것 |
| ○ 석회소다 염화물 | |
| ○ 사람의 배설물 | ○ 완전히 발효되어 부숙된 것일 것<br>– 고온발효: 50℃ 이상에서 7일 이상 발효된 것<br>– 저온발효: 6개월 이상 발효된 것<br>– 직접 먹는 농산물에 사용금지 |
| ○ 제당산업의 부산물(당밀, 옥침수, Vinasse, 식품등급의 설탕, 포도당 포함) | ○ 유해화학물질로 처리되지 않을 것 |
| ○ 유기농업에서 유래한 재료를 가공하는 산업의 부산물 | |
| ○ 목초액 | ○ 산림법에 의하여 고시된 규격 및 품질 등에 적합할 것 |
| ○ 석회질 및 규산질 비료(부산석회, 부산소석회 제외) | ○ 농촌진흥청장이 고시한 품질규격에 적합할 것 |
| ○ 미생물제제(미생물추출물 포함) | ○ 농촌진흥청장이 고시한 품질규격에 적합할 것 |
| ○ 키토산 | ○ 농촌진흥청장이 고시한 품질규격에 적합할 것 |
| ○ 그 밖의 자재 | ○ 식물에 영양을 공급하거나 토양의 성질에 변화를 주기 위해 공급하는 물질에 한하며, 천연물질 또는 천연물질에서 유래하고, 화학적 공정을 거치거나 화학적으로 합성된 물질이 첨가되지 아니할 것 |

**표 2. 병해충 관리를 위하여 사용이 가능한 자재**

| 사용이 가능한 자재 | 사용 가능 조건 |
|---|---|
| **(가) 식물과 동물** | |
| ○ 제충국 제제 | ○ 제충국에서 추출된 천연물질일 것 |
| ○ 데리스 제제 | ○ 데리스에서 추출된 천연물질일 것 |
| ○ 쿠아시아 제제 | ○ 쿠아시아에서 추출된 천연물질일 것 |
| ○ 라이아니아 제제 | ○ 라이아니아에서 추출된 천연물질일 것 |
| ○ 님(Neem) 제제 | ○ 님에서 추출된 천연물질일 것 |
| ○ 밀납(프로폴리스) | |
| ○ 동ㆍ식물 유지 | |
| ○ 해조류ㆍ해조류가루ㆍ해조류추출액ㆍ소금 및 소금물 | ○ 화학적으로 처리되지 아니한 것일 것 |
| ○ 젤라틴 | |
| ○ 레시틴(인지질) | |
| ○ 카제인 | |
| ○ 식초 등 천연산 | ○ 화학적으로 처리되지 아니한 것일 것 |
| ○ 누룩곰팡이(Aspergillus)의 발효생산물 | |
| ○ 버섯 추출액 | |
| ○ 클로렐라의 추출액 | |
| ○ 천연식물에서 추출한 제제ㆍ천연약초, 한약제 및 목초액 | ○ 목초액은 「산림자원의 조성 및 관리에 관한 법률」에 고시된 규격 및 품질 등에 적합할 것 |
| ○ 담배잎차(순수니코틴은 제외) | |
| **(나) 미네랄** | |
| ○ 보르도액ㆍ수산화동 및 산염화동 | |
| ○ 부르고뉴액 | |
| ○ 구리염 | |
| ○ 유황 | |

| | |
|---|---|
| ○ 맥반석 등 광물질 분말 | |
| ○ 규조토 | |
| ○ 규산염 및 벤토나이트 | |
| ○ 규산나트륨 | |
| ○ 중탄산나트륨 및 생석회 | |
| ○ 과망간산칼륨 | |
| ○ 탄산칼슘 | |
| ○ 파라핀유 | |
| ○ 키토산 | ○ 농촌진흥청장이 고시한 품질규격에 적합할 것 |
| (다) 생물학적 병해충 관리를 위하여 사용되는 자재 | |
| ○ 미생물 제제(생물농약) | ○ 농촌진흥청장이 고시한 생물농약등록기준에 적합할 것 |
| ○ 천적 | ○ 농촌진흥청장이 고시한 품질규격에 적합할 것 |
| (라) 덫 | |
| ○ 성유인물질(페로몬) | |
| ○ 메타알데하이드를 주성분으로 한 제제 | ○ 작물에 직접 살포하지 아니할 것 |
| (마) 기 타 | |
| ○ 이산화탄소 및 질소가스 | |
| ○ 비눗물 | ○ 화학합성비누 및 합성세제는 사용하지 아니할 것 |
| ○ 에틸알코올 | ○ 발효생산된 에틸알코올이어야 하며, 메틸알코올은 첨가제로만 사용 |
| ○ 동종요법 및 아유베딕(Ayurvedic) 제제 | |
| ○ 향신료·바이오다이내믹 제제 및 기피식물 | |
| ○ 웅성불임곤충 | |
| ○ 기계유제 | |
| ○ 그 밖의 자재 | ○ 식물의 병해충 관리를 위해 공급하는 물질에 한하며, 천연물질 또는 천연물질에서 유래하고, 화학적 공정을 거치거나 화학적으로 합성된 물질이 첨가되지 아니할 것 |

258

# • 친 환 경  유 기 농 자 재  목 록  공 시 •

- 현재 (2010. 9) 총 1008종의 유기농자재가 목록 공시되어 있다.
 – 28건(토양개량), 301건(작물생육), 300건(토양개량 및 작물생육), 123건(작물
  병해관리), 256건(작물충해관리)
- 목록 공시제는 대상 품목에 함유된 자재가 유기농업에 허용되는 자재임을 보
  증하나 그 효과나 품질을 보증하지는 않는다.
- 공시 품목에 대한 정보는 농촌진흥청 홈페이지(www.rda.go.kr)에서 확인이
  가능하다.
- 농촌진흥청 홈페이지에서 정보를 확인하는 방법은 다음과 같다.
 ① 홈페이지 상단의 기술정보를 클릭한다.
 ② 기술정보 내 농자재정보를 클릭한다.
 ③ 농자재 정보의 친환경 유기농자재를 클릭한다.
 ④ 원하는 자재명을 클릭하면 상세 정보를 확인할 수 있다.

# · 유 기 농  인 증  기 준 ·

## 1. 유기농 인증 기준과 표시

- 유기농 인증이란 친환경농산물 인증제도의 하나로서 소비자에게 보다 안전한 친환경농산물을 전문인증기관이 엄격한 기준으로 선별·검사하여 정부가 그 안전성을 인증하는 것을 뜻한다.

**표 3. 유기농산물 인증 기준과 표시(농산물품질관리원)**

| 인증기준 | – 유기합성농약과 화학비료를 일절 사용하지 않고 재배<br>  (전환기간: 다년생 작물은 3년, 그 외 작물은 2년)<br>– 유기축산물은 유기농산물 인증기준에 맞게 재배 생산된 「유기사료」를 급여하면서 인증기준을 지켜 생산한 축산물 |
|---|---|
| 인증마크 및 표시 | – 유기농산물, 유기축산물 또는 유기○○<br>  (○○는 농산물의 일반적 명칭으로 한다)<br>– 유기재배농산물, 유기재배○○ 또는 유기축산○○ |

## 2. 유기농 인증 신청과 절차

- 신청기한
  - 인증신청 농산물 생육기간의 1/2이 지나기 전에 인증희망일 42일 전까지 신청한다.

- 신청 시 제출서류
  ① 친환경농산물인증신청서

② 인증품 생산계획서

③ 영농 관련 자료(영농일지, 포장별 시비처방서, 기타 관련 자료)

※ 자세한 내용은 인증기관에 문의

- 신청기관
  - 국립농산물품질관리원 지원 · 국립농산물품질관리원 출장소 및 민간 인증기관

- 인증절차(농산물품질관리원)

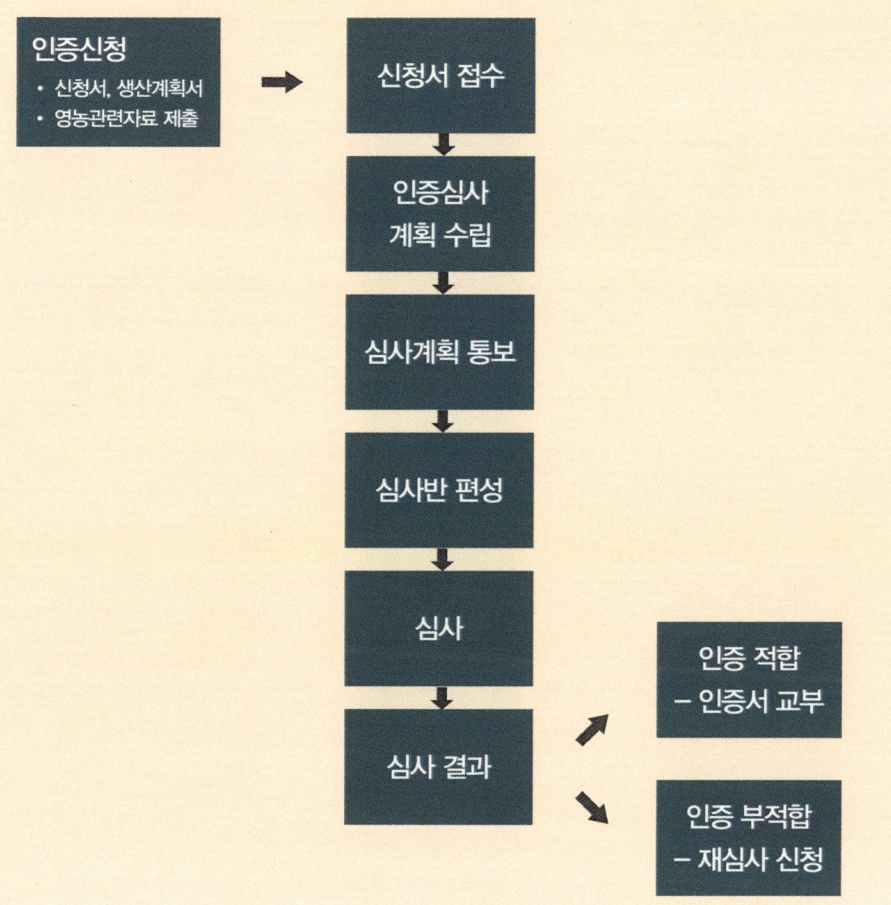

# · 유 기 재 배 기 술  관 련  사 이 트 ·

## 1. 유기농정보포털

| 대표 이미지 | 사이트 | 주요 내용 | 인터넷 주소 |
|---|---|---|---|
| RDA 농촌진흥청 | 농촌진흥청 | • 친환경농산물 작물별 생산기술 자료<br>– 친환경재배기술 및 유기자재 정보<br>– 유기재배 실천사례 | http://naas.go.kr/organic |
| 친환경농산물 정보시스템<br>Environment Friendly Agricultural Products | 친환경농산물 정보시스템 | • 친환경농산물 인증제도 및 법령<br>• 친환경농산물 인증정보<br>• 친환경인증 신청 안내 | http://www.enviagro.go.kr |
| 전라남도 친환경 농업관 | 전라남도 친환경농업관 | • 친환경농업연구동향<br>– 친환경농업 영상강좌<br>– 친환경재배 농법 소개 | http://www.greenjn.com |
| Okdab | 옥답 CEO | • 친환경농업 현황 정보 | http://www.okdabceo.com |

## 2. 국내환경농업단체

| 대표 이미지 | 사이트 | 주요 내용 | 인터넷 주소 |
|---|---|---|---|
| 한국유기농업협회 | 한국유기농업협회 | • 친환경농업교육과정 소개<br>• 유기농업 생산정보 | http://www.organic.or.kr |
| 사단법인 환경농업단체연합회 | 환경농업단체 연합회 | • 친환경유기농산물 판매처 소개<br>• 친환경농업 현황 자료 | http://www.kfsao.org |
| 자연을 닮은 사람들<br>자연과 농업의 미래를 여는 지혜 | 자연을 닮은 사람들 | • 자연농업기술 소개<br>– 천연자재 만들기<br>– 국내외 사례연구 | http://www.naturei.net |

| | | | |
|---|---|---|---|
| 흙살림 HEUKSALIM | 흙살림 | • 친환경농업 교육 소개<br>• 유기농업 컨설팅 | http://www.heuk.or.kr |
| (사)전국귀농운동본부 | 전국귀농<br>운동본부 | • 귀농 교육 강좌 소개<br>– 농업재배 기술 교육<br>– 농가 현장 체험 | http://www.refarm.org/ |
| 한국지속농업산학연구회 | 한국지속농업<br>산학연구회 | • 유기농재배기술<br>  정보 공유 | http://www.jisok.kr |
| 한살림생산자연합회 | 한살림전국<br>생산자연합회 | • 친환경농산물 생산자소개<br>• 농업자료 | http://farm.hansalim.<br>or.kr/ |
| 우리지농 | 우리는 지금<br>농촌으로 간다 | • 귀농교육과정 | http://cafe.naver.com/<br>uiturn |